AutoCAD
工程制图
案例教程

主　编　刘文莲　张慧杰
副主编　修　霞　崔洪伟

北京理工大学出版社
BEIJING INSTITUTE OF TECHNOLOGY PRESS

图书在版编目（CIP）数据

AutoCAD 工程制图案例教程／刘文莲，张慧杰主编. —北京：北京理工大学出版社，2018.1

ISBN 978 – 7 – 5682 – 5232 – 4

Ⅰ.①A…　Ⅱ.①刘…　②张…　Ⅲ.①工程制图 – AutoCAD 软件 – 高等学校 – 教材　Ⅳ.①TB237

中国版本图书馆 CIP 数据核字（2018）第 013123 号

出版发行／北京理工大学出版社有限责任公司	
社　　　址／北京市海淀区中关村南大街 5 号	
邮　　　编／100081	
电　　　话／（010）68914775（总编室）	
（010）82562903（教材售后服务热线）	
（010）68948351（其他图书服务热线）	
网　　　址／http：//www. bitpress. com. cn	
经　　　销／全国各地新华书店	
印　　　刷／北京高岭印刷有限公司	
开　　　本／787 毫米 ×1092 毫米　1/16	
印　　　张／16. 25	责任编辑／王玲玲
字　　　数／385 千字	文案编辑／王玲玲
版　　　次／2018 年 1 月第 1 版　2018 年 1 月第 1 次印刷	责任校对／周瑞红
定　　　价／59. 00 元	责任印制／施胜娟

图书出现印装质量问题，请拨打售后服务热线，本社负责调换

前　言

　　计算机辅助设计（Computer Aided Design，CAD）产生于 20 世纪 60 年代，经过近 60 年的发展，现在这项技术已经广泛运用于机械、建筑、土木工程、电子电路设计等工程领域。CAD 技术已成为每个工程人员的必备技能之一，极大地提高了设计人员的工作效率。本书作者从事机械制图和计算机辅助绘图教学十余年，精通二维 CAD 和三维 CATIA、UG、SolidWorks 等软件，具有丰富的教学和实践经验，本书以 AutoCAD 2014 中文版为版本，从常用的基础绘图方法入手，用详尽的实例介绍 AutoCAD 2014 的基本绘图知识与绘图技巧。

　　本书先介绍 AutoCAD 中基本绘图命令、基本修改命令和尺寸标注，又用详尽的实例介绍了用 AutoCAD 软件绘制平面零件轮廓、正等轴测图、零件图和装配图的过程。作者根据大学生学习知识的过程筛选工程实例，案例直观、典型、实用，学生上手快。本书可作为机械类和近机类本科教材，也可作为自学 AutoCAD 的教程。

　　本书主要章节由刘文莲主编，张慧杰编写第 7 章、第 10 章，参加编写的还有修霞、崔洪伟、谢丽华、韩远飞、陈菁、康鹏桂等。本书在编写过程中，参阅了同行专家编写的教材和文献等，在此向相关作者表示诚挚的谢意。

　　由于编者水平有限，编写时间仓促，书中难免有疏漏之处，恳请读者批评指正。

编　者

Contents

目 录

目 录

Contents

Contents　　　目　录

目 录

Contents

Contents 目 录

目 录

Contents

目录

Contents

Contents

目 录

第 1 章　AutoCAD 绘图环境与基本操作

本章导读
- ✓ CAG 与 CAD
- ✓ AutoCAD 的启动
- ✓ AutoCAD 工作界面
- ✓ AutoCAD 基本操作
- ✓ AutoCAD 文件管理

手工绘图是使用三角板、丁字尺、圆规等绘图仪器绘制图样。绘图效率比较低，绘制周期长，不便于修改。计算机绘图是利用计算机及其外围设备绘制各种图样的技术，相对于手工绘图而言的一种高效率、高质量的绘图技术。AutoCAD 是在工程领用应用广泛的一种绘图软件。本书以 AutoCAD 2014 为软件环境介绍如何快速地绘制工程类图样，掌握计算机绘制工程图样的基本方法和作图技巧。

1.1　CAD 与 CAG

计算机辅助设计（Computer Aided Design，CAD）的概念和内涵是随着计算机、网络、信息、人工智能等技术或理论的进步而不断发展的。CAD 技术产生于 20 世纪 60 年代，是以计算机、外围设备及其系统软件为基础，包括二维绘图设计、三维几何造型设计、优化设计、仿真模拟及产品数据管理等内容，逐渐向标准化、智能化、可视化、集成化、网络化方向发展，经过 50 多年的发展，现在这项技术已经广泛应用于机械、建筑、土木工程、电子电路设计等领域。

计算机辅助绘制图样（Computer Aided Graphics，CAG）是 CAD 技术的重要组成部分，计算机绘图已成为每个工程人员的必备技能之一。

AutoCAD 是美国 Autodesk 公司的奠基产品，是一个专门用于计算机绘图设计工作的软件。今天，AutoCAD 系列版本已广泛应用于机械、建筑、土木、电子、化工等工程设计领域，极大地提高了设计人员的工作效率。

1.2　AutoCAD 的启动方法

和 Windows 其他软件一样，AutoCAD 安装成功后，有多种启动方法，通常可以采用以下方法启动软件：

① 双击 Windows 操作系统桌面上的 AutoCAD 2014 软件的快捷图标 。

② 单击 Windows 操作系统桌面左下角系统按钮，出现 Windows 的系统菜单，单击 "所有程序" → "Autodesk" → "AutoCAD 2014"，如图 1 – 1 所示，即可以启动 AutoCAD 2014，进入绘图界面。

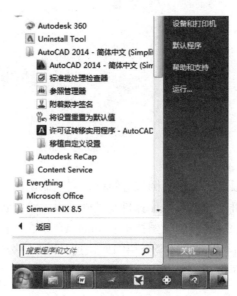

图 1 – 1   在 Windows 系统菜单中启动 AutoCAD 2014

③ 单击任何一个版本低于 2014 的 AutoCAD 图形文件也可以 启动绘图软件。

1.3   AutoCAD 工作界面

AutoCAD 软件从 2007 版开始提供多种用户界面。AutoCAD 2014 提供了 "AutoCAD 经典" "草图与注释" "三维建模" "三维基础" 四种用户界面，即工作界面，供新老用户使用。其中 "AutoCAD 经典" 与 "草图与注释" 用在二维绘图环境，"三维建模" 和 "三维基础" 用在三维绘图环境。

AutoCAD 软件在二维绘图领域有广泛的应用，因而本书主要介绍 "AutoCAD 经典" 与 "草图与注释" 两种二维绘图界面。"草图与注释" 界面与 "AutoCAD 经典" 界面组成分别如图 1 – 2 和图 1 – 3 所示。可以看出两种界面有相似之处，都由标题栏、绘图工具、绘图区、命令提示区和状态栏等组成；两种界面的不同点是绘图工具的集合方式不同。"AutoCAD 经典" 界面中绘图工具是由菜单栏和工具栏组成的；"草图与注释" 绘图工具存在于功能区，功能区可以看成是由菜单栏和工具栏集成的选项卡，因而 "草图与注释" 界面显示更简洁。老用户对 "AutoCAD 经典" 界面更熟悉一些。另外，这两种界面的命令不尽相同，因而本书会介绍命令在两个界面的存在位置，方便初学者了解两种绘图界面，尽快掌握软件的使用。

图 1-2　"草图与注释"工作界面及组成

图 1-3　"AutoCAD 经典"工作界面及组成

成功安装 AutoCAD 之后，默认打开的是"草图与注释"界面，有多种方法可以对工作空间进行切换。这里介绍其中两种工作空间界面切换方法：

① 单击标题栏上的"工作空间"下拉列表，如图 1-4 所示，单击相应工作空间即可切换。

② 单击状态栏"工作空间切换按钮" ⚙ 。

图 1-4　工作空间切换

1.3.1 标题栏

AutoCAD 软件与其他 Windows 应用程序相同，标题栏位于界面窗口最上面一行，标题栏是由"软件系统图标""自定义访问工具栏""软件和文件名""AutoCAD 帮助"和"软件操作按钮"等组成，如图 1 - 5 所示。

图 1 - 5 AutoCAD 标题栏

标题栏最左边是"软件系统图标"，单击该图标会弹出如图 1 - 6 所示系统菜单。该系统图标可以进行文件管理、软件退出、打印输出等相关操作。标题栏右端"软件操作按钮"由"最小化""最大化"/"还原"和"关闭"三个按钮组成，操作方法与其他软件相同。标题栏中间的文件名区可以显示软件的名称和版本号、文件的名称和保存的路径。可以看出 AutoCAD 软件保存的图形文件默认为"＊.dwg"格式。标题栏的"帮助区"提供了 AutoCAD 软件的帮助信息，包括在线帮助、搜索关键词和实时帮助等。AutoCAD 帮助是最全面的学习 AutoCAD 软件的资料，单击标题栏"访问帮助按钮" ⑦，出现图 1 - 7 所示的"Autodesk AutoCAD 2014 - 帮助"对话框，其中列出了学习 AutoCAD 在线和本地资源，同时提供了搜索栏，提供搜索关键词功能。

图 1 - 6 AutoCAD 系统菜单

图 1－7　AutoCAD 帮助对话框

1.3.2　"草图与注释"界面的功能区

AutoCAD "草图与注释" 界面的绘图工具集成在 "功能区"，功能区包含许多由图标表示命令按钮，这些图标被组织到依任务进行标记的选项卡中。功能区可以看成是菜单栏和工具栏的集成，界面更简洁。如图 1－8 所示，功能区共有 "默认" "插入" "注释" "参数化" 等 11 个选项卡。单击选项卡右侧的 按钮，会出现如图 1－9 所示的快捷菜单，在快捷菜单中可以选择工具面板的最小化形式。

图 1－8　AutoCAD 功能区 "默认" 选项卡

AutoCAD "草图与注释" 界面的 "绘图" "修改" "图层" "注释" 等 8 个工具面板都集成在 "默认" 选项卡上。单击命令图标上或工具名称上的下三角 ▼，会出现相应的拓展命令，图 1－10 所示为单击 "圆" 命令的下三角后出现的相关命令，图 1－11 所示为单击 "绘图" 命令的下三角后出现的所有绘图工具。

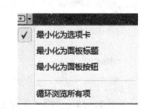

图 1－9　功能区最小化操作按钮

图 1-10 单击"圆"的
下三角出现的命令

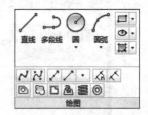

图 1-11 单击"绘图"下三角
出现的所有绘图命令

1.3.3 "AutoCAD 经典"界面的菜单栏

"AutoCAD 经典"界面的菜单栏包含"文件""编辑""视图""插入""格式""工具""绘图"等 12 个下拉菜单组成，几乎包含了 AutoCAD 中全部的功能和命令，下拉菜单中的命令包含直接菜单、级联菜单、对话框菜单等多种形式。图 1-12 所示为"插入"下拉菜单，菜单后有 ▶ 图标，说明该菜单是具有下级菜单的"级联菜单"；菜单后有 ⋯ 图标，说明单击该菜单会出现对话框的"对话框菜单"；菜单后没有符号的，为直接菜单；灰色显示的菜单，为当前状态下不可操作的菜单。

在屏幕上单击鼠标右键，会出现快捷菜单。单击的位置和作图状态不同，出现的快捷菜单也会不同。图 1-13~图 1-15 所示的快捷菜单分别为在绘图窗口、工具栏和状态栏"栅格显示"按钮 ▦ 上单击鼠标右键出现的快捷菜单。快捷菜单的出现与 AutoCAD 当前状态、鼠标右击的位置相关，启用快捷菜单可以在不必启用菜单栏的情况下，快速、高效地完成一些操作。

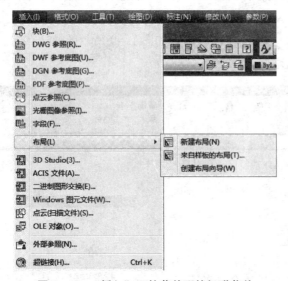

图 1-12 "插入"下拉菜单下的级联菜单

图 1-13 在绘图窗口单击鼠标右键
出现的快捷菜单

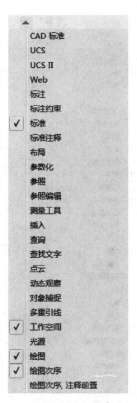

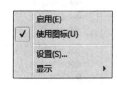

图 1 – 14　在工具栏区单击鼠标右键
出现的快捷菜单

图 1 – 15　在状态栏区单击鼠标右键
出现的快捷菜单

1. 3. 4　"AutoCAD 经典"界面的工具栏

"AutoCAD 经典"界面的工具栏是图 1 – 3 中方框中的区域，由图标表示的命令按钮组成，是应用程序在当前界面下调用命令的另一种方式。

在 AutoCAD 中，系统共提供了 30 个已命名的工具栏，单击菜单"工具"→"工具栏"→"AutoCAD"可以查看所有的工具栏，如图 1 – 16 所示。默认情况下，"标准""工作空间""图层""绘图"和"修改"等工具栏前面有对号，说明该工具栏当前处于开启状态，在该菜单中用鼠标单击某个工具栏，就会打开或关闭该工具栏。另外，也可以在图 1 – 14 所示工具栏区单击鼠标右键出现的快捷菜单中查看所有的工具栏，并进行工具栏的开启和关闭等相关操作。

按住工具栏左端或上端的深灰色区域，即可拖动工具栏，使之成为浮动的工具条，如图 1 – 17 所示。可以继续拖动，使之附着在窗口其他位置，单击工具条末端的"关闭"按钮 ，关闭该工具栏。用户可以根据作图习惯选择需要的工具栏，并为它指定合适的位置。

工具栏上的工具图标并不齐全，用户可以通过菜单栏或命令调用，为了方便，用户可以根据需要将工具栏上没有的命令定制到工具栏上，也可以定制新的工具栏。

图 1 – 16　在"工具"菜单中查看所有工具栏

图 1 – 17　浮动的"样式"工具栏

[例 1 – 1]　将"圆,相切、相切、相切"命令定制到"绘图"工具栏。

过程分析:

通过三个相切条件绘制圆的"圆,相切、相切、相切"命令在工具栏上没有,使用"圆"命令不能绘制,通过菜单"绘图"→"圆"→"相切、相切、相切"调用较为麻烦,如果该命令使用频率比较高,可以将其定制到任何一个工具栏上,方便调用。方法为在"自定义用户界面"上找到该命令,并将其拖动到所需要的工具栏或用户自定义的工具栏上。

操作过程:

单击下拉菜单"工具"→"自定义"→"界面",出现"自定义用户界面"对话框,在"按类别"下拉列表中选择"绘图",在出现的下方列表中转动鼠标中轮找到"圆,相切、相切、相切"命令,如图 1 – 18 所示,长按"圆,相切、相切、相切"命令,将其拖动到软件界面的"绘图"工具栏,此时"圆,相切、相切、相切"命令图标显示在"绘图"工具栏,"圆,相切、相切、相切"便定制到"绘图"工具栏。

拖动到此处

图 1-18　将"圆，相切、相切、相切"命令拖动到"绘图"工具栏

[例 1-2]　将"圆，相切、相切、相切"等命
令定制到如图 1-19 所示的"用户"工具栏。

图 1-19　定制的"用户"工具栏

过程分析：

如果需要将多个命令进行定制，为了方便管理，用户可以自定义一个新的工具栏，将命令批量定制到该工具栏上。方法为在"自定义用户界面"新建一个工具栏，命名为"用户"，将"圆，相切、相切、相切"等多个命令定制到"用户"工具栏。

操作过程：

单击下拉菜单"工具"→"自定义"→"界面"，出现"自定义用户界面"对话框，单击"工具栏"前面的 ➕ 按钮，可以将工具栏项展开，用鼠标右键在工具栏项单击，会出现如图 1-20 所示的快捷菜单。单击"新建工具栏"，创建一个新的工具栏，重命名为"用户"，此时在展开的工具栏项中，会出现"用户"工具栏项，同时软件界面会出现相应的"用户"工具栏。长按"圆，相切、相切、相切"命令并将其拖动到"用户"工具栏项，如图 1-21 所示，可将该命令定制到"用户"工具栏。再用相同的方法定制一些其他命令。定制好的"用户"工具栏如图 1-19 所示。

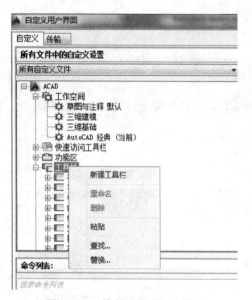

图 1-20 单击"新建工具栏"

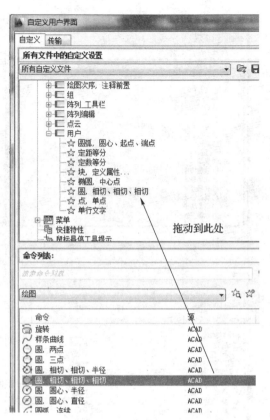

图 1-21 将"圆，相切、相切、相切"
命令定制到"用户"工具栏

1.3.5 绘图窗口

绘图窗口是图 1-2 和图 1-3 所示的用户界面中间最大的矩形区域，是用户绘图的工作区域，所有的绘图结果都反映在这个窗口中。用户可以根据需要关闭各工具栏，来增大绘图空间。如果图纸比较大，需要查看未显示部分时，可以单击窗口右边与下边滚动条上的箭头，或拖动滚动条上的滑块来移动图纸。

绘图窗口左下角为当前使用的坐标系。默认情况下，坐标系为世界坐标系（WCS）。屏幕的右方为 X 轴正向，屏幕的上方为 Y 轴正向。

绘图窗口的下方有"模型"和"布局"选项卡，单击它们可以在模型空间和图纸空间之间切换。一般情况下应在"模型"空间下绘图，在"布局"空间进行排版打印。

绘图窗口的右上角为 ViewCube 工具。ViewCube 是用户在二维模型空间或三维视觉样式中处理图形时显示的导航工具。通过 ViewCube，用户可以在标准视图和等轴测视图间切换。

光标在绘图窗口显示为十字形，又称为十字光标。十字线的交点为光标的当前位置。AutoCAD 的光标用于绘图、选择对象等操作，十字光标在没有命令和执行命令过程中，会有不同的显示形式，图 1-22 所示分别为没有命令执行和有命令执行时的光标的两种状态，用户可以根据鼠标显示的状态判断命令执行的进度。

图 1 – 22　不同状态的两种十字光标

（a）没有命令执行的十字光标；（b）有命令执行的十字光标

1.3.6　命令窗口和文本窗口

命令窗口在绘图窗口下面，是 AutoCAD 显示用户从键盘键入的命令和 AutoCAD 提示信息的区域。"AutoCAD 经典"模式下，命令窗口保留最后三行所执行的命令或提示信息。用户可以通过拖动窗口边框的方式改变命令窗口的大小，使其显示多于 3 行或少于 3 行的信息。通过鼠标拖动"命令行"窗口左侧的两条竖线，可以将命令行变为浮动窗口，如图 1 – 23 所示。命令窗口记录所有的命令的执行过程，在作图过程中要时刻注意命令行中的变化。

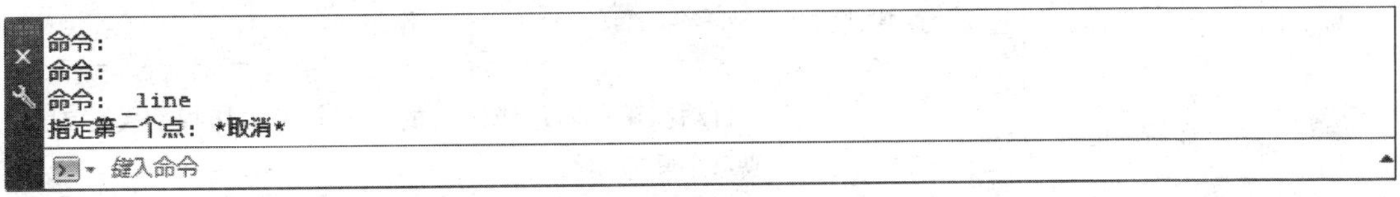

图 1 – 23　"AutoCAD 经典"模式浮动的命令窗口

按键盘功能键 F2 或单击菜单"视图"→"显示"→"文本窗口"，会出现如图 1 – 24 所示的文本窗口。文本窗口是记录 AutoCAD 命令的窗口，是放大的"命令行"窗口，它记

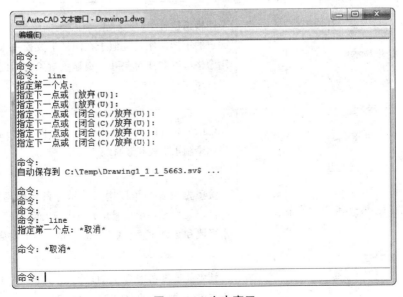

图 1 – 24　文本窗口

录了用户已执行的命令，也可以用来输入新命令。图形中的错误可以根据文本窗口中的历史命令进行检查和纠错。

1.3.7　状态栏

状态栏在用户界面的最下端，用来反映当前的绘图状态。如图 1 - 25 所示，状态栏由坐标值按钮、作图辅助工具和一些状态按钮组成。状态栏左边是坐标值按钮，显示当前光标的坐标位置，可以看出 AutoCAD 默认绘图精度为小数点后四位数，鼠标左键单击该坐标值按钮可以打开/关闭坐标值显示。中间按钮是作图辅助工具按钮。AutoCAD 之所以能在工程领域广泛应用，是由于它能够精确绘图，作图辅助工具是精确绘图的保证。

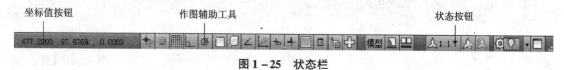

图 1 - 25　状态栏

作图辅助工具图标、作用见表 1 - 1。

表 1 - 1　作图辅助工具图标、作用列表

工具图标	中文名称	功能键/快捷键	作用
	推断约束	Ctrl + Shift + I	自动在正在创建或编辑的对象与对象捕捉的关联对象或点之间应用约束
	捕捉模式	F9	捕捉模式用于限制十字光标，使其按照用户定义的间距移动，准确地在屏幕上捕捉点
	栅格显示	F7	栅格是覆盖用户坐标系（UCS）的整个 XY 平面的直线或点的矩形图案。类似于在图形下放置一张坐标纸。利用栅格可以对齐对象并直观显示对象之间的距离。栅格不打印
	正交模式	F8	可以将光标限制在水平或垂直方向上移动，以便于精确地绘制水平线和竖直线
	极轴追踪	F10	按预先设置的角度增量显示一条无限延伸的辅助线（虚线），默认情况增量角为 90°，因而可以用来精确绘制水平线和竖直线。不能与"正交模式"同时启用
	对象捕捉	F3	精确捕捉屏幕对象上的点，如端点、中点、圆心、最近点等。捕捉点的类型可以进行设置

续表

工具图标	中文名称	功能键/快捷键	作用
	三维对象捕捉	F4	与对象捕捉相似，不同之处在于在三维中可以进行投影对象捕捉
	对象捕捉追踪	F11	按指定角度或与其他对象的指定关系创建对象
	动态 UCS	F6	动态 UCS 功能处于启用状态时，可以在创建对象时使 UCS 的 XY 平面自动与三维实体上的平面临时对齐
	动态输入	F12	在绘图区域中的光标附近提供命令界面，按钮打开则当前坐标为相对坐标；按钮关闭则当前坐标系为绝对坐标系
	线宽		显示/隐藏线宽
	透明度		可以控制选定对象或图层上所有对象的透明度，还可以指定新图案填充和填充对象的默认透明度值
	快捷特性	Ctrl + Shift + P	对于由"特性"选项板显示的特性，"快捷特性"选项板可显示其可自定义的子集
	选择循环	Ctrl + W	指定为绘图辅助工具整理的草图设置，这些工具包括捕捉和栅格、追踪、对象捕捉、动态输入、快捷特性和选择循环等
	注释监视器		监视图形中注释的错误

作图辅助工具可以帮助制图者进行精确绘图，比如绘制精确的水平线、竖直线，捕捉端点、中点等，因而作图辅助工具的图标需要根据作图的需要进行打开/关闭操作，笔者根据使用 AutoCAD 软件的经验进行图标设置推荐：

①一般推荐"对象捕捉""极轴追踪""对象捕捉追踪"三个图标同时打开。三个图标同时打开可以快速地追踪到很多作图点，从而提高作图效率。

②"栅格显示"和"捕捉模式"一般同时开启或关闭。制图者一般根据作图习惯选择同时打开或同时关闭。默认设置下两个图标同时打开时，在十字光标会捕捉到栅格上的点，不利于作图，因而笔者推荐同时关闭。

③"正交模式"和"极轴追踪"不能同时打开。两个工具都可以用来绘制精确的水平

线和竖直线，根据作图习惯可以选择打开"极轴追踪"或"正交模式"其中之一，笔者习惯使用"极轴追踪"。

④"动态输入"图标打开/关闭，使当前坐标系在相对坐标和绝对坐标之间进行切换。"动态输入"打开时，当前坐标为相对坐标；关闭时，当前坐标为绝对坐标。一般"动态输入"图标打开时，即相对坐标下作图更为方便。

⑤"线宽"图标显示当前图纸的宽度。只有图线的宽度设置大于 0.3 mm 时，"线宽"按钮打开时，线宽才能显示。

作图辅助工具需要进行设置，比如对象捕捉的对象类型、极轴捕捉的角度值和栅格的显示类型等。作图辅助工具的设置需要调用"草图设置"对话框，调用方法为：

- 单击"工具"下拉菜单 → "草图设置"。
- 在作图辅助工具任一图标上单击鼠标右键，在出现的快捷菜单上单击"设置"，如图 1-26 所示。

"草图设置"对话框有"捕捉和栅格""极轴追踪""对象捕捉""三维对象捕捉""动态输入""快捷特性""选择循环"7 个选项卡，其中"对象捕捉"和"极轴追踪"两个选项卡最常用。图 1-27 所示的为"草图设置"的"对象捕捉"选项卡。该选项卡在"对象捕捉"模式下，能够捕捉到的点的类型，共有端点、中点等 13 种类型。选项卡右边有"全部选择"和"全部清除"两个按钮，一般不推荐"全部选择"或"全部清除"，一般推荐选中几个最常用的选项，如"端点""圆心""交点""中点"等。

图 1-26　作图辅助工具快捷菜单

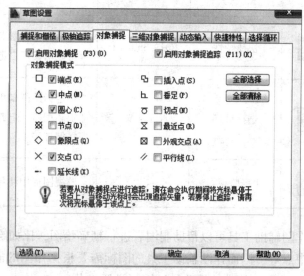

图 1-27　"草图设置"对话框"对象捕捉"选项卡

单击"草图设置"对话框上的"极轴追踪"选项卡名称，对话框会切换到"极轴追踪"选项卡，默认情况下极轴的"增量角"为 90°，即只能捕捉到水平线和竖直线。将"增量角"设置成 30°，如图 1-28 所示，当"极轴捕捉"按钮　打开时，屏幕上可以捕捉到 30°的倍角。

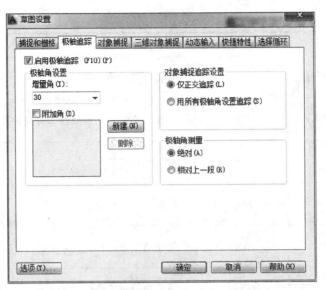

图 1 - 28　"草图设置"对话框"极轴追踪"选项卡

对象捕捉图标、名称、功能见表 1 - 2。

表 1 - 2　对象捕捉图标、名称、功能

工具图标	中文名称	功能键/快捷键	功能
	临时追踪点	TT	创建对象捕捉所使用的临时点
	捕捉自	FROM	在命令中获取某个点相对于参照点的偏移
	捕捉到端点	ENDP	捕捉到对象的最近端点
	捕捉到中点	MID	捕捉到对象的中点
	捕捉到交点	INT	捕捉到两个对象的交点
	捕捉到外观交点	APPINT	捕捉到两个对象的外观交点
	捕捉到延长线	EXT	捕捉到圆弧或直线的延长线
	捕捉到圆心	CEN	捕捉到圆弧、圆、椭圆或椭圆弧的中心点
	捕捉到象限点	QUA	捕捉到圆弧、圆、椭圆或椭圆弧的象限点
	捕捉到切点	TAN	捕捉到圆弧、圆、椭圆、椭圆弧或样条曲线的切点
	捕捉到垂足	PER	捕捉到垂直于对象的点

工具图标	中文名称	功能键/快捷键	功能
	捕捉到平行线	PAR	捕捉到指定直线的平行线
	捕捉到插入点	INS	捕捉到文字、块或属性等对象的插入点
	捕捉到节点	NOD	捕捉到点对象
	捕捉到最近点	NEA	捕捉到对象的最近点
	无捕捉	NON	禁止对当前选择执行对象捕捉
	对象捕捉设置	OSNAP	设置执行对象捕捉模式

1.4 AutoCAD 命令输入方式

AutoCAD 命令是指告诉程序进行操作的指令。AutoCAD 的命令需在"命令:"状态下输入。AutoCAD 输入命令的方式有多种，这里列出以下几种：

1. 键盘输入命令

在命令行"命令:"提示后直接通过键盘输入命令全称或快捷命令，然后按空格或回车键执行命令，当输入字符串时，只能用回车键执行。建议输入快捷命令，提高绘图速度。

◇ 注意：无论是 AutoCAD 2014 的英文版还是中文版，用键盘在命令行输入命令只能输入英文命令，命令的输入不区分大小写。

2. 通过菜单执行命令

菜单有下拉菜单、级联菜单、屏幕快捷菜单等多种形式，鼠标单击任意菜单上的相应命令，即可可以执行该命令。

3. 通过工具栏执行命令

用鼠标左键单击工具栏的命令图标，可以执行该命令。

4. 重复执行命令

在出现提示符"命令:"时，按键盘上的回车键或按空格键，可重复上一个命令。也可在绘图窗口单击鼠标右键，在弹出的快捷菜单中选择"重复 XX（XX 为上一个命令）"命令，重复执行上一个命令。

5. 命令执行

"空格/回车"执行下一步或结束当前命令。按下键盘 Esc 键可以终止或退出当前命令。

◇ 绘图技巧：要重复执行同一个命令，可以连续按两次"空格/回车"，第一个"空格/

回车"是完成第一个命令，第二个"空格/回车"是重复上一个命令。

有些命令可以在执行其他命令时执行，称为透明命令。要以透明方式使用某个命令，在任何提示下输入命令之前，先输入撇号（'）。完成透明命令后，将恢复执行原命令。比如上述作图辅助工具命令都是可以透明执行的命令。

[例 1-3]　　绘制直线过程中，打开"栅格"按钮，并指定栅格间距为 1。

图形分析：

"栅格"等作图辅助工具是透明命令，因而其他命令过程执行中，可以透明使用。方法是：在 LINE 命令执行中输入"'GRID"。

操作过程：

单击"绘图"→"直线"工具栏图标，进入"直线"命令，命令提示行提示如下：

```
命令：_LINE
指定第一个点：'GRID              （输入透明命令"栅格"）
 >>指定栅格间距（X）或［开（ON）/关（OFF）/捕捉（S）/主（M）/自适应（D）/
界限（L）/跟随（F）/纵横向间距（A）］<10.0000>：1（键盘输入1，回车，指定栅
格间距为1）
正在恢复执行 LINE 命令          （提示正在恢复执行 LINE 命令）
指定第一个点：                  （提示已经回到 LINE 命令）
```

◇ 注意：双尖括号 >> 提示显示透明命令；中括号 [ ] 中为可选择提示，要响应提示，需要键入小括号 ( ) 中的字母；单尖括号 < > 中为默认值，如果需要输入的数值与默认值相同，可直接按空格键或回车键，执行下一步。

1.5　AutoCAD 坐标系统

在 AutoCAD 中，有两种坐标系：世界坐标系（WCS）和用户坐标系（UCS）。WCS 为固定坐标系，UCS 为可移动坐标系。在 WCS 中，X 轴是水平的，Y 轴是垂直的，Z 轴垂直于 XY 平面，符合右手法则。WCS 存在于任何一个图形中且不可更改。

AutoCAD 中的确定点可以用十字光标的中心点进行拾取，移动十字光标到适当的位置，单击左键，十字光标点处的坐标便自动输入。光标拾取配合"对象捕捉"→"栅格捕捉"等作图辅助工具，十字光标可捕捉特定的点，从而进行精确绘图。还可以通过用键盘输入坐标来确定点的位置，坐标值的形式有直角坐标和极坐标，根据参照原点不同，坐标又分为有绝对坐标和相对坐标：绝对坐标的原点为绝对原点，即 WCS 的坐标原点；相对坐标的坐标原点为指定点的前一点，原点不断改变。因此，坐标值的输入形式有绝对直角坐标、绝对极坐标、相对直角坐标和相对极坐标四种，在二维作图情况下，z 坐标都是 0，不需要输入 z 坐标。二维图中四种坐标形式分别如下：

1. 绝对直角坐标 (x, y)

x、y 为指定点在 WCS 中的坐标值。

2. 绝对极坐标 ($d < a$)

d 为指点到 WCS 坐标原点的距离，a 为指定点到原点连线与 X 轴正向夹角。夹角有正负值，默认逆时针为正。

3. 相对直角坐标 ($@x, y$)

x 为指定点到上一点的 x 坐标差，y 为指定点到上一点的 y 坐标差，坐标差有正负值。

4. 相对极坐标 ($@d < a$)

d 为指定点到上一点的距离，a 为指定点到上一点连线与 X 轴正向夹角。夹角有正负值，默认逆时针为正。

[**例 1 – 4**] 用合适的坐标形式按顺序标定图 1 – 29 中的 A、B、C、D 四点的坐标，其中 A 点为坐标原点。

图形分析与解答：

因为 A 点为坐标原点，因而采用绝对直角坐标，即 $A(0, 0)$。

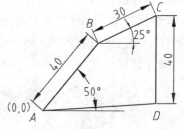

图 1 – 29 点的坐标输入形式

B 点采用绝对极坐标，即 $B(40 < 50)$。

C 点采用相对极坐标，相对原点为 B 点，即 $C(@30 < 25)$。

D 点相对原点为 C 点，采用相对直角坐标，即 $D(@0, -40)$，或采用相对极坐标 $D(@40 < -90)$。

从例题可以看出，绘制斜线时，应用极坐标比较方便，因为在作图时往往不知道某个点的绝对坐标，只知道相对于上一点的距离、角度或坐标差，因而相对坐标在实际作图中应用比较广泛。

1.6 动 态 输 入

实际在作图过程中，状态栏作图辅助工具"动态输入" 🔲 工具的使用，大大简化了坐标的输入。"动态输入"启用时，在十字光标附近会出现命令提示信息，如图 1 – 30 所示，该信息会随着光标移动而动态更新，以帮助用户专注于绘图区域，而不用总去关注命令行。"动态输入"启用时，系统默认输入的坐标值为相对坐标值，即此时相对坐标不输入"@"，绝对坐标需要输入符号"#"。此时按键盘 Tab 键可以在长度和角度之间切换。

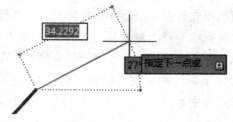

图 1 – 30 "动态输入"启用时的提示信息框

1.7　图形文件操作

对图形文件的操作主要有新建文件、保存文件和打开文件等。

1.7.1　新建文件

用户启动 AutoCAD 软件后，系统会自动创建一个"Drawing1. dwg"的绘图文件，当用户需要创建一个新绘图文件时，需要执行"新建"命令。

"新建"命令调用方法有：

- 下拉菜单："文件"→"新建"
- 命令行：NEW
- 工具栏："标准"→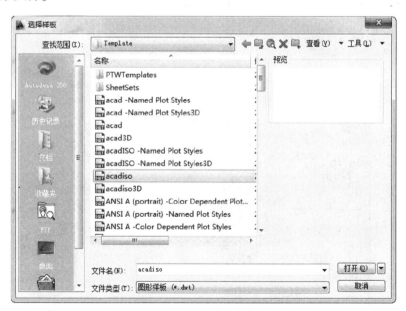

使用任何一种方法进入"新建"命令，AutoCAD 弹出如图 1 – 31 所示的"选择样板"对话框。对话框里列出了系统自带的一些模板文件。其中"acadiso"为通用为公制的模板文件，图纸边界大小为 A3。选择"acadiso"模板文件，单击"打开"按钮，就能新建一个 AutoCAD 图形文件。

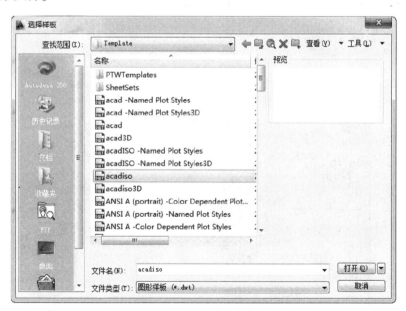

图 1 – 31　"选择样板"对话框

新建的文件图形绘图窗口颜色默认为黑色，可以对窗口的颜色进行修改。

[例 1 – 5]　将绘图窗口颜色修改为白色。

过程分析：改变窗口显示颜色、十字光标颜色、光标大小等，都是绘图界面的基本设置，需要调用"选项"对话框。"选项"对话框的调用方法有：

- 下拉菜单："工具"→"选项"

- 命令：OPTIONS
- 快捷菜单：在绘图窗口单击鼠标右键，在出现的快捷菜单上单击"选项"

作图过程：

以任何一种方法进入"选项"命令，出现如图 1 – 32 所示的"选项"对话框，在"显示"选项卡中单击"颜色"按钮，出现如图 1 – 33 所示的"图形窗口颜色"对话框。单击"二维模型空间"界面元素"统一背景"，在"颜色"下拉列表中单击"白"，鼠标左键单击"应用并关闭"按钮可将绘图窗口的颜色改为白色。

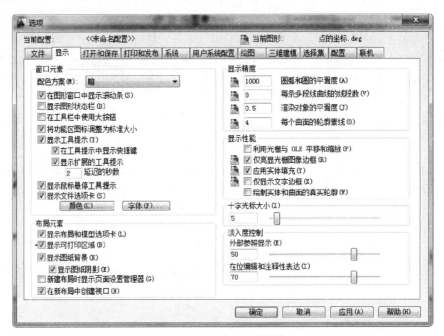

图 1 – 32　"选项"对话框

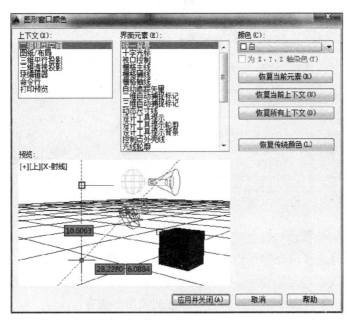

图 1 – 33　"图形窗口颜色"对话框

1.7.2　保存文件

图形文件创建好后，需要进行存盘，即保存文件，以方便后续查看、使用和编辑文件。保存文件需要调用"保存"命令。

"保存"命令调用方法有：

- 下拉菜单："文件"→"保存"／"另存为"
- 命令行：SAVE 或 SAVEAS
- 工具栏："标准"→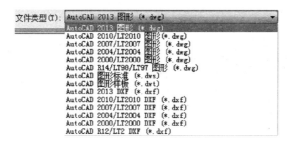

使用任何一种方法进入 SAVE 或 SAVEAS 命令，AutoCAD 弹出如图 1 − 34 所示的"图形另存为"对话框，从对话框中可为文件选择保存路径，输入文件名。单击"文件类型"下拉列表，可出现如图 1 − 35 所示文件类型下拉列表，可以选择将文件保存成 AutoCAD 之前的版本类型或 dwt、dws 等其他格式的文件。

图 1 − 34　"图形另存为"对话框

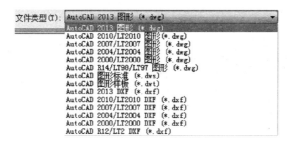

图 1 − 35　文件类型下拉列表

1.7.3 打开文件

文件保存后，查看、编辑文件都需要打开该文件，调用"打开"命令即可打开该文件。"打开"命令调用方法有：

- 下拉菜单："文件"→"打开"
- 命令行：OPEN
- 工具栏："标准"→ ⬅

AutoCAD 的安装目录下的 "C：Program file\Autodesk\AutoCAD2014\Sample" 文件夹中提供了一些 AutoCAD 样图，可供学习者学习参考。

1.8 图形显示控制操作

由于绘图窗口的局限，故在绘图过程中需经常变动窗口内显示的图形部位，以便于观察和作图。图形显示控制包括图形显示缩放和图形显示平移的操作。只是将屏幕上的对象改变显示比例和显示位置，从而更好地显示图形，对象的实际尺寸和位置仍保持不变。

图形的显示控制操作可以通过鼠标操作和工具栏的工具图标两种方法实现。

1.8.1 通过鼠标实现显示控制

通过鼠标实现显示控制，是一种简单快捷的显示控制方法。通过鼠标进行图形显示控制的操作方法如下：

① 鼠标中轮上下滚动，实现屏幕缩小和放大。屏幕缩放的中心点为鼠标的中心点，在缩放过程中，移动光标可以不断改变缩放的中心点。

② 长按鼠标中轮，光标变成小手的形状 ✋ 后进行拖动，可以实现图形平移操作。

③ 双击鼠标中轮，显示所有对象。

1.8.2 使用工具图标实现显示控制

"标准"工具栏的屏幕操作图标如图 1 - 36 所示，可以实现对屏幕的更精确的缩放和平移操作。

图 1 - 36 "标准"工具栏屏幕操作图标

显示控制命令各个图标、名称和功能见表 1 - 3。

表 1 - 3 显示控制命令图标、名称和功能

工具图标	中文名称	功能
⬛	窗口缩放	缩放显示由矩形窗口的两个对角点所指定的区域
⬛	动态缩放	缩放使用视图框显示图形的已生成部分

续表

工具图标	中文名称	功能
	比例缩放	以指定的比例因子缩放显示
	中心缩放	缩放以显示由中心点和放大比例值（或高度）所定义的窗口
	放大	全部图形放大两倍
	缩小	全部图形缩小为一半
	全部缩放	缩放显示当前视口中的图形
	范围缩放	缩放图形范围并使所有的对象最大显示
	实时平移	使用鼠标实时移动全部图形
	实时缩放	使用鼠标实时放大或缩小全部图形
	缩放上一个	缩放显示上一个视图，最多可恢复此前的十个视图

[**例 1 – 6**]　打开安装目录下的 Autodesk \ AutoCAD2014 \ Sample \ zh – CN \ DesignCenter \ Fasteners – Metric 文件，并对图形进行显示控制操作。

过程分析：

首先根据软件的安装目录，找到"Sample"文件夹。AutoCAD 在安装时如果没有改变路径，安装目录为"C:\Program file"如果改变安装路径，"Sample"文件夹路径也会发生改变。查找安装路径的方法为：在桌面上的软件图标

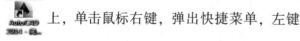

上，单击鼠标右键，弹出快捷菜单，左键单击"属性"，出现如图 1 – 37 所示的对话框，"起始位置"处即为软件的安装目录。将文件打开后即可显示控制操作。

操作过程：

使用任何一种方法进入"打开"命令，出现如图 1 – 38 所示的"选择文件"对话框，找到 AutoCAD 的安装目录的 Autodesk \ AutoCAD2014 \ Sample 文件夹，依次单击 zh – CN、DesignCenter、Fastener – Metric，即可打开"Fasteners – Metric"文件。

图 1 – 37　AutoCAD 2014 安装路径查找

图 1-38 "选择文件"对话框

◇ 注意: 保存文件和打开文件等操作在"草图与注释"界面下没有集成在选项卡中,可以在软件系统图标菜单和快速访问工具栏中进行文件管理操作。

1.9 小 结

本章介绍了与 AutoCAD 2014 软件基本概念和基本操作, 包括软件的安装、启动; 两种工作界面"AutoCAD 经典"和"草图与注释"界面的组成和功能; 命令执行方式, 自定义工具栏的方法; 图形文件管理, 包括新建图形文件、打开已有图形文件、保存图形; 介绍了 AutoCAD 2014 图形显示操作, 鼠标的控制, 文件基本设置, 作图辅助工具在作图时的推荐设置。通过本章学习, 读者应对 AutoCAD 软件有概括的了解, 了解软件界面组成能对软件进行基本的文件管理、设置操作, 能简单地调用命令绘制一些简单的图形, 为后续学习软件打下良好的基础。

1.10 本 章 习 题

1. 打开安装目录 (Autodesk \ AutoCAD2014 \ Sample \ zh - CN \ DesignCenter \ Fasteners - Metric), 并进行显示控制操作。

2. 新建一个名为"二维图形"的图形文件, 并将其背景颜色改为白色。

3. 自定义一个名为"常用"的工具栏, 将一些常用的命令定制到"常用"工具栏。

4. 思考题: 怎么保证绘制的直线是水平的或竖直的?

第 2 章　AutoCAD 二维绘图

本章导读

✓ 常用绘图命令

✓ 绘图命令列表

✓ 绘图命令调用方法

✓ 利用作图辅助工具快速绘图

工程图样都是由基本图元，如线段、圆弧、圆、矩形和多边形等组成的。AutoCAD 中的二维图形都是由绘图命令绘制，由修改命令进行编辑和修改的。本章介绍"直线""圆""圆弧""椭圆""矩形"等 AutoCAD 二维绘图命令。先介绍各绘图命令在"AutoCAD 经典""草图与注释"两个界面的多种调用方法，再举例详细讲解命令的执行过程，使读者能快速地掌握两种界面的命令操作方法。

2.1　AutoCAD 二维绘图命令

AutoCAD 二维绘图包括绘制"直线""圆""圆弧""椭圆""正多边形""矩形"等基本命令。二维绘图命令存在于"AutoCAD 经典"工作界面的"绘图"工具栏和"绘图"下拉菜单，分别如图 2 - 1 和图 2 - 2 所示。在"草图与注释"工作界面，其存在于"默认"选项卡上的"绘图"面板中，如图 2 - 3 所示。当十字光标移动到图标时，会显示图标的名称，悬停在图标上会显示命令的简单操作举例。在命令行里用英文名称输入命令或用快捷命令，均

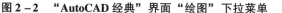

图 2 - 1　"AutoCAD 经典"界面的"绘图"工具栏

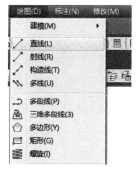

图 2 - 2　"AutoCAD 经典"界面"绘图"下拉菜单　　**图 2 - 3　"草图与注释"界面"绘图"面板**

可以调用命令，执行效果相同，因而使用快捷命令可以提高绘图效率。表 2 – 1 列举了常用的绘图命令的图标、中文名称、快捷命令。

表 2 – 1　常用二维绘图命令图标、中文名称、快捷命令对照表

工具图标	中文名称	英文命令	快捷命令	工具图标	中文名称	英文命令	快捷命令
	直线	LINE	L		圆弧	ARC	A
	构造线	XLINE	XL		圆	CIRCLE	C
	多段线	PLINE	PL		点	POINT	PO
	多边形	POLYGON	POL		修订云线	REVCLOUD	REVC
	矩形	RECTANG	REC		样条曲线	SPLINE	SPL
	椭圆	ELLIPSE	EL		椭圆弧	ELLIPSE	

2.2　绘制直线的命令

AutoCAD 二维图形中存在大量的直线，直线是构成图形的重要元素。图样中的直线大多是由直线类命令绘制的。AutoCAD 中的直线类的命令有直线、构造线、射线、多线等，应用于不同类型的工程图样。本节介绍绘制直线的"直线""构造线""射线"命令。

2.2.1　直线（L）

在几何中，直线是通过两点的无线长的线，AutoCAD 中"直线"命令实际是绘制通过两点的直线段。用户可以用鼠标拾取或输入坐标的方法指定端点，一般可以绘制连续直线段。

"直线"命令调用方法有：

- 下拉菜单："绘图"→"直线"
- 命令行（快捷命令）：LINE（L）
- 工具栏："绘图"→
- 功能区："默认"→"绘图"→

［例 2 – 1］　利用"直线"命令绘制如图 2 – 4 所示的封闭四边形。

图形分析：

图形是由四段首尾相接的直线段组成的，线段的端点没有指定坐标，因而可以在屏幕上利用十字光标中心点进行捕捉确定。

作图过程：

进入"直线"命令后，命令行提示如下：

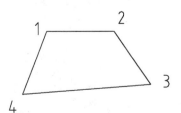

图 2 – 4　绘制四边形

```
命令：_1INE
指定第一个点：                    （鼠标左键单击确定 1 点）
指定下一点或［放弃（U）］：      （单击 2 点）
指定下一点或［放弃（U）］：      （单击 3 点）
指定下一点或［闭合（C）/放弃（U）］：  （单击 4 点）
指定下一点或［闭合（C）/放弃（U）］：C （输入 C 回车闭合图形，同时退出命令）
```

◇ 注意：

① 所有命令的执行过程均在命令行中显示，也可按功能键 F2 打开文本窗口观看所有命令的执行过程，便于检查执行过程和纠正错误。

② 绘图过程中，如果图形有错误，可以根据命令行的提示，用键盘输入 u，放弃一步，必要时可以连续放弃，直到图形消失。

2.2.2　射线（RAY）

射线是始于一点，通过第二点，并且无限延伸的线性对象。

"射线"命令的调用方法有：

- 下拉菜单："绘图" → "射线"
- 命令行：RAY
- 功能区："默认" → "绘图" →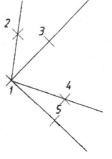

[例 2 - 2]　利用"射线"命令绘制如图 2 - 5 所示的图形。

图形分析：

该图形是四条射线，均通过 1 点，分别通过 2、3、4、5 四个点，因而可以利用"射线"命令快速绘制。

绘制过程：

进入"射线"命令后，命令行提示如下：

图 2 - 5　射线

```
命令：_RAY 指定起点：       （鼠标左键单击确定 1 点）
指定通过点：               （单击 2 点，完成射线 12）
指定通过点：               （单击 3 点，完成射线 13）
指定通过点：               （单击 4 点，完成射线 14）
指定通过点：               （单击 5 点，完成射线 15，单击鼠标右键退出命令）
```

◇ 注意："绘图"工具栏中没有"射线"命令，可以进行定制。

2.2.3　构造线（XL）

构造线是通过两个点并向两个方向无限延伸的直线，在 AutoCAD 中往往用作参考线。"构造线"命令可以绘制无线长的斜线、水平线、竖直线等。

"构造线"命令调用方法有：

- 下拉菜单："绘图"→"构造线"
- 命令行（快捷命令）：XLINE（XL）
- 工具栏："绘图"→
- 功能区："默认"→"绘图"→

表 2-2 列出了"构造线"命令用法和作图过程。

表 2-2 "构造线"命令用法和作图过程

功能	样图	作图过程
绘制如右图所示的通过指定点 1 的无线长的参考线	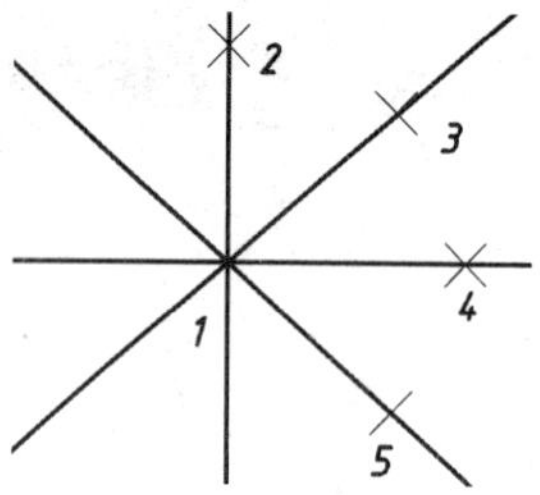 图（含点 1、2、3、4、5）	命令：_XLINE 指定点或〔水平（H）/垂直（V）/角度（A）/二等分（B）/偏移（O）〕：（鼠标左键单击确定 1 点） 指定通过点：（单击 2 点，完成直线 12） 指定通过点：（单击 3 点，完成直线 13） 指定通过点：（单击 4 点，完成直线 14） 指定通过点：（单击 5 点，完成直线 15） 指定通过点：*取消*（按 Esc 键退出命令）
绘制如右图所示的无限长的水平参考线	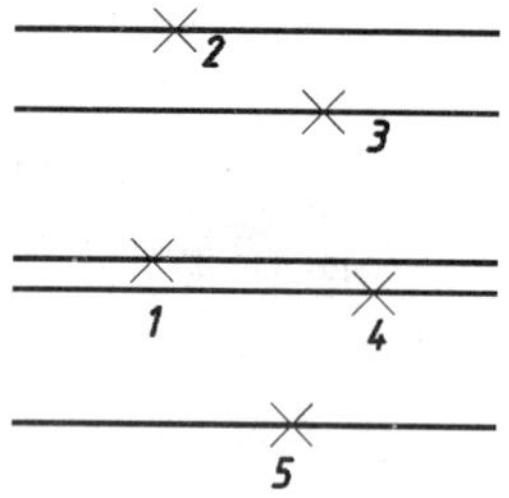 图（含点 1、2、3、4、5）	在出现"指定点或〔水平（H）/垂直（V）/角度（A）/二等分（B）/偏移（O）〕："提示后，输入 H，回车激活水平命令，此时光标变为 ——□——，鼠标依次拾取点 1、2、3、4、5，即完成图形，按 Esc 键退出命令
绘制如右图所示的无限长的竖直线	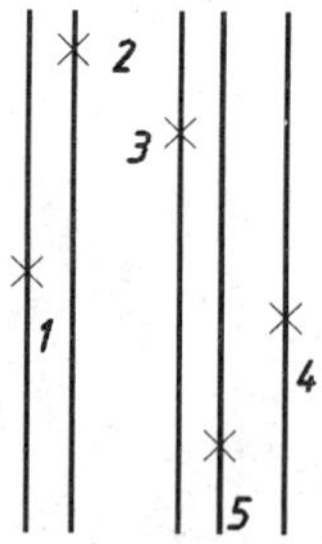 图（含点 1、2、3、4、5）	在出现"指定点或〔水平（H）/垂直（V）/角度（A）/二等分（B）/偏移（O）〕："提示后，输入 V，回车激活竖直命令，此时光标变为 ⼞，鼠标拾取点 1、2、3、4、5，即完成图形，按 Esc 键退出命令
绘制如右图所示的无线长的斜线（角度为 30°）	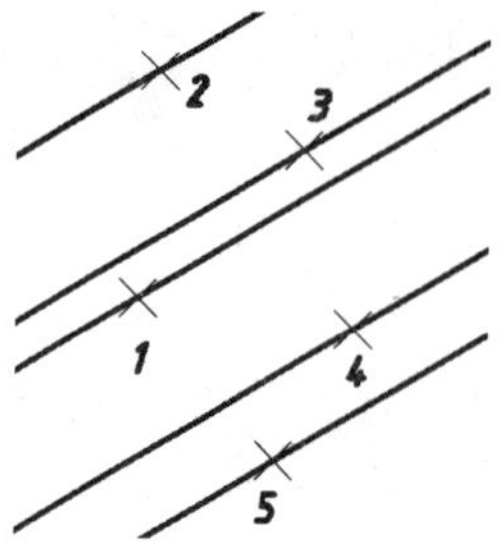 图（含点 1、2、3、4、5）	在出现"指定点或〔水平（H）/垂直（V）/角度（A）/二等分（B）/偏移（O）〕："提示后，键盘输入"a"，回车激活角度选项，输入 30，回车，光标变为 ⤢，鼠标拾取点 1、2、3、4、5，即完成图形，按 Esc 键退出命令

2.2.4　利用"极轴""对象捕捉""对象追踪"快速绘图

在实际绘图过程中，往往不需要输入复杂的坐标，作图辅助工具和键盘配合使用可以快速作图，本节介绍一些作图辅助工具的使用技巧。最常用一种方法是：将"极轴""对象捕捉""对象追踪"三个图标相结合进行快速绘图。

[**例2−3**]　利用作图辅助工具快速绘制如图2−6所示的长为100、宽为50的矩形。

图形分析：

本题可以利用相对坐标来作图，但相对来说比较麻烦，可以利用作图辅助工具进行快速绘图。

作图过程：

保证作图辅助工具的"极轴""对象捕捉""对象追踪"三个图标处在开启状态，执行"直线"命令，命令行提示如下：

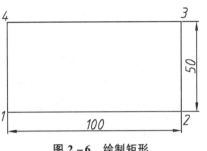

图2−6　绘制矩形

命令：_LINE
指定第一个点：(鼠标左键单击确定1点)
　指定下一点或[放弃(U)]：100(鼠标向右移动，出现如图2−7(a)所示的水平追踪线时输入100，回车，得到2点)
　指定下一点或[放弃(U)]：50(鼠标向上移动，出现竖直追踪线时输入50，回车，得到3点)
　指定下一点或[闭合(C)/放弃(U)]：(鼠标移动到1点，注意不是单击，并沿1点向上移动，出现如图2−7(b)所示的符号时，单击鼠标，得到4点)
　指定下一点或[闭合(C)/放弃(U)]：C(输入C，回车，闭合图形，同时退出命令)

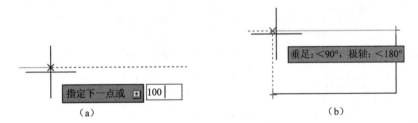

图2−7　矩形绘制过程

(a)出现水平追踪线时输入100，得到2点；(b)追踪到4点

2.2.5　利用"栅格""捕捉"快速绘图

状态栏的"栅格"按钮打开，栅格模式开启，在屏幕上出现绘图栅格，类似于手工绘图的坐标纸。"捕捉"按钮打开，捕捉模式开启，十字光标按间距捕捉屏幕上的点。功能键F7可以快速地打开/关闭"栅格"按钮，功能键F9可以快速打开/关闭"捕捉"按钮。在

系统默认的情况下，捕捉的间距和栅格的大小是相同的。因而对于如图 2 - 8 所示的特定的图形，可以利用"栅格""捕捉"进行快速绘制，只需将"栅格""捕捉"按钮同时打开，捕捉需要的角点和圆心即可。

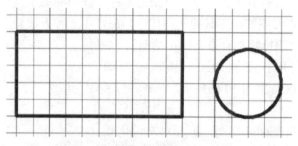

图 2 - 8　绘图栅格

"捕捉"和"栅格"间距和捕捉类型可以进行设置，方法是：

- 菜单："工具"→"绘图设置"
- 在作图辅助工具按钮上单击鼠标右键，在出现的快捷菜单上单击"设置"

在出现的"草图设置"对话框的"捕捉和栅格"中进行设置，如图 2 - 9 所示。可以设置"捕捉间距""捕捉类型"和"栅格间距"等参数。在绘制轴测图时，捕捉类型可以设置成"等轴测捕捉"。"捕捉间距"和"栅格间距"可以设置成相同，以方便绘图。

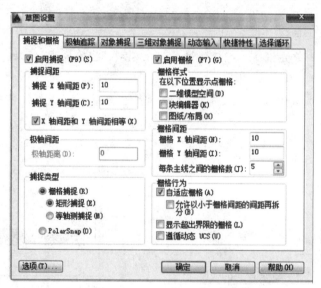

图 2 - 9　"草图设置"对话框"捕捉和栅格"选项卡

2.3　多段线（PL）

多段线可以创建直线段、圆弧段或两者的组合线段，并且多段线可以是带宽度的线条。多段线绘制的图形只要不断开，就是一个整体对象。利用"分解"命令可将其分解成线段，此时，线条的宽度信息会丢失。

"多段线"命令调用方法有：

- 下拉菜单："绘图"→"多段线"
- 命令行（快捷命令）：PLINE（PL）
- 工具栏："绘图"→
- 功能区："默认"→"绘图"→

[例 2 - 4]　利用"多段线"命令绘制如图 2 - 10 所示长圆形。

图形分析：

本题可以利用多种方法来绘制，因为图形有圆弧和直线，因而可以只利用"多段线"一个命令完成。

作图过程：

进入"多段线"命令，命令行提示如下：

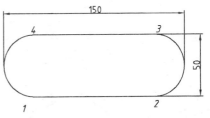

图 2 - 10　多段线绘制

命令：_PLINE

指定起点：（指定 1 点为起点）

当前线宽为 0.0000

指定下一个点或［圆弧（A）/半宽（H）/长度（L）/放弃（U）/宽度（W）］：100（"极轴"按钮打开，光标向正右方移动出现水平追踪线时，输入 100，空格得到 2 点，不需输入相对坐标）

指定下一点或［圆弧（A）/闭合（C）/半宽（H）/长度（L）/放弃（U）/宽度（W）］：A（输入 A 空格，切换成圆弧模式）

指定圆弧的端点或［角度（A）/圆心（CE）/闭合（CL）/方向（D）/半宽（H）/直线（L）/半径（R）/第二个点（S）/放弃（U）/宽度（W）］：50（光标向上移，出现竖直追踪线，键入 50 空格，得到 3 点）

指定圆弧的端点或［角度（A）/圆心（CE）/闭合（CL）/方向（D）/半宽（H）/直线（L）/半径（R）/第二个点（S）/放弃（U）/宽度（W）］：L（输入 L 空格，切换直线模式）

指定下一点或［圆弧（A）/闭合（C）/半宽（H）/长度（L）/放弃（U）/宽度（W）］：100（光标左移，出现水平追踪线，键入 100，得到 4 点）

指定下一点或［圆弧（A）/闭合（C）/半宽（H）/长度（L）/放弃（U）/宽度（W）］：A（输入 A 空格，激活圆弧模式）

指定圆弧的端点或［角度（A）/圆心（CE）/闭合（CL）/方向（D）/半宽（H）/直线（L）/半径（R）/第二个点（S）/放弃（U）/宽度（W）］：CL（CL 闭合，完成全图）

2.4　正多边形（POL）

"正多边形"命令可以绘制圆的外切正多边形、圆的内接正多边形，也可以根据边长绘制正多边形。正多边形绘制的图形是一个整体对象。

"正多边形"命令调用方法有：

- 下拉菜单："绘图"→"正多边形"
- 命令行（快捷命令）：POLYGON（POL）
- 工具栏："绘图"→⬠
- 功能区："默认"→"绘图"→⬠

"正多边形"命令的使用方法和绘图过程见表2-3。

表2-3 "正多边形"命令的使用方法和绘图过程

功能	样图	作图过程
绘制如右图所示的圆的外切正多边形，内切圆半径为50	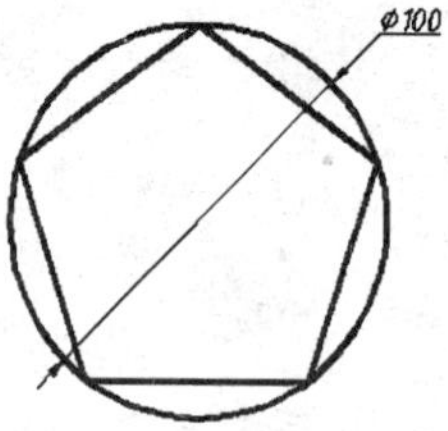 φ100	命令：_POLYGON 输入侧面数 <4>：5（输入5 空格） 指定正多边形的中心点或 [边（E）]：（在屏幕指定一点为正多边形中心点） 输入选项 [内接于圆（I）/外切于圆（C）] <I>：（默认为内接于圆，直接空格，到下一步） 指定圆的半径：50（输入50 空格，完成图形）
绘制如右图所示的圆的内接正多边形，外接圆半径为50	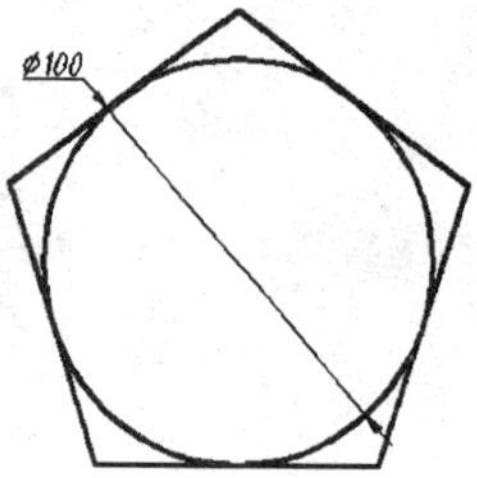 φ100	命令：_POLYGON 输入侧面数 <4>：5（输入5 空格） 指定正多边形的中心点或 [边（E）]：（在屏幕指定一点为正多边形中心点） 输入选项 [内接于圆（I）/外切于圆（C）] <I>：C（输入C 空格，激活外切于圆模式） 指定圆的半径：50（输入50 空格，完成图形）
绘制如右图所示的边长为50 的正多边形	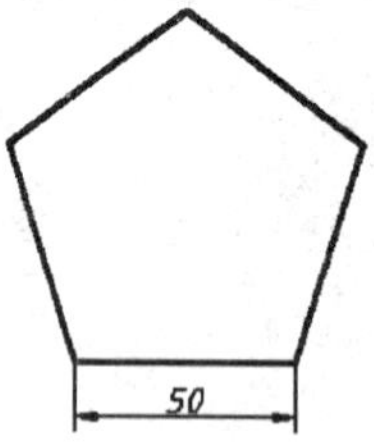 50	命令：_POLYGON 输入侧面数 <4>：5（输入5 空格） 指定正多边形的中心点或 [边（E）]：E（E 空格激活边选项） 指定边的第一个端点：（在屏幕上指定一点） 指定边的第二个端点：50（光标右移，出现追踪线时，输入50，指定边长50）

2.5 矩形（REC）

AutoCAD 中矩形是通过两个对角点进行创建的，利用"矩形"命令可以绘制一般矩形和带圆角、倒角的矩形。

"矩形"命令调用方法有：

- 下拉菜单："绘图"→"矩形"
- 命令行（快捷命令）：RECTANG（REC）
- 工具栏："绘图"→▭

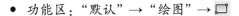

- 功能区：“默认”→“绘图”→ ▭

进入“直线”，命令行会出现“命令：_RECTANG 指定第一个角点或 [倒角（C）/标高（E）/圆角（F）/厚度（T）/宽度（W）]：”的提示。

“矩形”命令的使用方法和绘图过程见表 2 – 4。

表 2 – 4　“矩形”命令的使用方法和绘图过程

要求	样图	作图过程
绘制如右图所示的一般矩形，大小不限	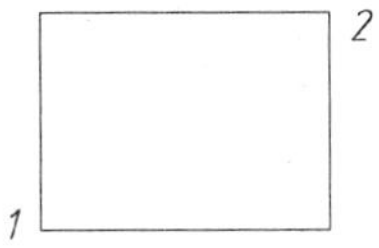	命令：_RECTANG 指定第一个角点或 [倒角（C）/标高（E）/圆角（F）/厚度（T）/宽度（W）]：（鼠标任意单击一点 1 作为矩形第一个角点） 指定另一个角点或 [面积（A）/尺寸（D）/旋转（R）]：（鼠标再任意单击一点 2 作为矩形对角点）
绘制如右图所示的圆角的矩形		命令：_RECTANG 指定第一个角点或 [倒角（C）/标高（E）/圆角（F）/厚度（T）/宽度（W）]：F（F 空格激活圆角选项） 指定矩形的圆角半径 <0.0000>：20（输入 20 空格确定圆角半径） 指定第一个角点或 [倒角（C）/标高（E）/圆角（F）/厚度（T）/宽度（W）]：（鼠标任意单击一点 1 作为矩形第一个角点） 指定另一个角点或 [面积（A）/尺寸（D）/旋转（R）]：（鼠标单击一点 2 作为矩形对角点）
绘制如右图所示的倒角的矩形	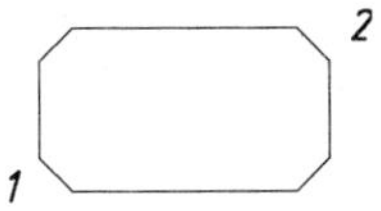	命令：_RECTANG 指定第一个角点或 [倒角（C）/标高（E）/圆角（F）/厚度（T）/宽度（W）]：C（C 空格激活倒角选项） 指定矩形的第一个倒角距离 <0.0000>：20（指定第一个倒角距离 20） 指定矩形的第二个倒角距离 <20.0000>：（空格确定第二个倒角的距离和第一个相同） 指定第一个角点或 [倒角（C）/标高（E）/圆角（F）/厚度（T）/宽度（W）]（鼠标任意单击一点 1 作为矩形第一个角点） 指定另一个角点或 [面积（A）/尺寸（D）/旋转（R）]：（鼠标单击一点 2 作为矩形对角点）

◇ 注意：绘制带圆角或倒角的矩形时，对角点的位置与第一个角点的位置不能太近，至少要大于四个圆角的位置，否则矩形不能绘制成功；对角点的位置如果距离第一个角点位置太远，圆角或倒角可能显示不正确，需要将圆角、倒角部分放大，才能显示。

2.6 圆（C）

"圆"命令可以通过指定圆心和半径（或直径）画圆，也可以绘制与其他对象相切的圆。在"AutoCAD 经典"界面单击菜单"绘图"→"圆"，出现"圆"的级联菜单，如图 2–11（a）所示。在"草图与注释"界面"默认"选项卡"绘图"面板，长按"圆"命令，会出现如图 2–11（b）所示"圆"的下拉菜单，可以看出共有 6 种绘制圆的方法。

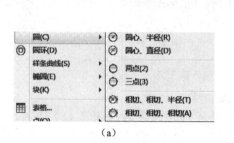

（a）   （b）

图 2–11　"圆"级联菜单和"圆"面板

（a）"圆"的级联菜单；（b）面板上的"圆"命令

"圆"命令调用方法有：

- 下拉菜单："绘图"→"圆"
- 命令行（快捷命令）：CIRCLE（C）
- 工具栏："绘图"→ ⊘
- 功能区："默认"→"绘图"→ ⊘

"圆"命令绘制的样图和具体的作图过程见表 2–5。

表 2–5　"圆"命令使用方法和绘图过程

要求	样图	作图过程
绘制如右图所示的通过直线两端点的圆	（圆，内有水平直径线，端点标注 1、2）	命令：_CIRCLE 指定圆的圆心或 [三点（3P）/两点（2P）/切点、切点、半径（T）]：2P（输入 2P 空格激活两点选项） 指定圆直径的第一个端点：（单击 1 点） 指定圆直径的第二个端点：（单击 2 点，完成图形）
绘制如右图所示的三角形的外接圆	（圆，内含三角形）	命令：_CIRCLE 指定圆的圆心或 [三点（3P）/两点（2P）/切点、切点、半径（T）]：3P（输入 3P 空格激活三点选项） 指定圆上的第一个点：（捕捉三角形的一个角点） 指定圆上的第二个点：（捕捉三角形的第二个角点） 指定圆上的第三个点：（捕捉三角形的第三个角点，完成图形）

要求	样图	作图过程
绘制如右图所示的与圆1、圆2相切的圆	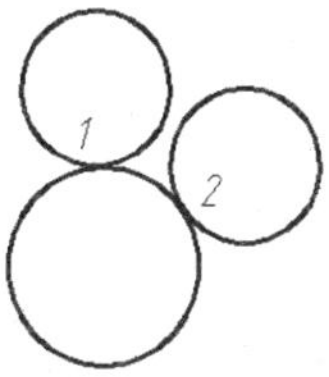	命令: _CIRCLE 指定圆的圆心或［三点（3P）/两点（2P）/切点、切点、半径（T）］: T（输入 T 空格激活切点半径选项） 指定对象与圆的第一个切点: （光标移动到圆 1 附近，出现递延切点符号时单击，确定与圆 1 的切点） 指定对象与圆的第二个切点: （光标移动到圆 2 附近，出现递延切点符号时单击，确定与圆 2 的切点） 指定圆的半径 <10.0000>:20（输入半径 20 空格完成图形）
绘制如右图所示的与三角形内切的圆	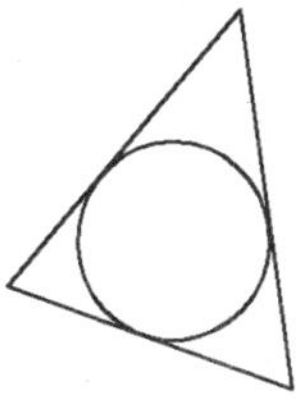	单击菜单"绘图"→"圆"→"相切、相切、相切"，进入"圆"命令，命令提示行如下: 命令: _CIRCLE 指定圆的圆心或［三点（3P）/两点（2P）/切点、切点、半径（T）］: _3p 指定圆上的第一个点: _tan 到（光标移动到第一个边，出现递延切点符号时单击，捕捉与第一条边的切点） 指定圆上的第二个点: _tan 到（同样的方法捕捉与第二条边的切点） 指定圆上的第三个点: _tan 到（捕捉与第三条边的切点，图形完成）

2.7　圆弧（A）

"圆弧"命令较为复杂，有多种方法绘制圆弧。单击"AutoCAD 经典"下拉菜单"绘图"→"圆弧"，出现"圆弧"的级联菜单，如图 2-12（a）所示。在"草图与注释"界面"默认"选项卡"绘图"面板长按"圆弧"命令，出现如图 2-12（b）所示"圆弧"的下拉菜单。可以看出圆弧有起点、圆心、角度、方向、半径、长度等几何要素。

"圆弧"命令调用方法有：

- 下拉菜单："绘图"→"圆弧"
- 命令行（快捷命令）：ARC（A）
- 工具栏："绘图"→
- 功能区："默认"→"绘图"→

绘制圆弧需要的圆弧几何要素如图 2-13 所示。点 1 为圆弧的"圆心"，"长度"为圆弧的弦长，即直线 23 的长度，而非弧长；"方向"为圆弧的切向，即切线 34 与水平方向的夹角 α，"角度"为圆弧的包含角，即直线 13 与 12 的夹角 β，包含角和方向均有正负值，在系统默认的情况下，逆时针为正值。根据圆弧的已知条件，选用不同的方法绘制圆弧。

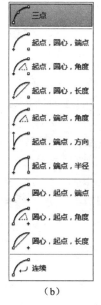

（a）   （b）

图 2 – 12　"圆弧"级联菜单"圆弧"面板

（a）"圆弧"的级联菜单；（b）面板上的"圆弧"命令

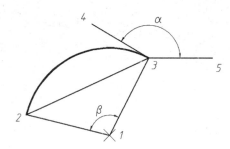

图 2 – 13　圆弧在命令中的几何要素

在默认的情况下，是通过圆弧上的三个点绘制圆弧的。进入"圆弧"命令后，根据提示，在屏幕上任意拾取三个点 1、2、3，就能作出如图 2 – 14 所示的圆弧。

［例 2 – 5］　绘制如图 2 – 15 所示的两个圆弧 23 和 56。

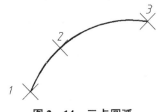

图 2 – 14　三点圆弧

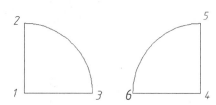

图 2 – 15　圆心端点圆弧的画法

图形分析：

分析这两个圆弧的已知条件为圆心、端点和包含角，包含角为 90°，由于角度有正负，所以绘制圆弧时应按逆时针绘制，顺时针时可按住 Ctrl 键切换方向。

作图过程：

进入"圆弧"命令，命令行提示如下：

命令：_ARC

　　圆弧创建方向：逆时针（按住 Ctrl 键可切换方向）。（提示：当前逆时针为正，按住 Ctrl 键可切换方向）

　　指定圆弧的起点或 [圆心 (C)]：C（输入 C 空格激活圆心选项）

　　指定圆弧的圆心：（光标任取一点 1，作为圆弧的圆心）

　　指定圆弧的起点：（光标右移，出现水平追踪线时单击一点 3 作为圆弧起点）指定圆弧的端点或 [角度 (A)／弦长 (L)]：（光标上移，出现竖直追踪线时单击一点，完成圆弧 23）

圆弧 23 绘制完成，按空格重复 "圆弧" 命令，绘制圆弧 56 的过程如下：

> 命令：_ARC
> 圆弧创建方向：逆时针（按住 Ctrl 键可切换方向）。（提示：当前逆时针为正，按住 Ctrl 键可切换方向）
> 指定圆弧的起点或 [圆心 (C)]：C（输入 C 空格激活圆心选项）
> 指定圆弧的圆心：（光标任取一点 4，作为圆弧的圆心）
> 指定圆弧的起点：（光标上移，出现竖直追踪线时单击一点 5 作为圆弧起点）指定圆弧的端点或 [角度 (A)/弦长 (L)]：（光标右移，出现水平追踪线时单击一点，完成圆弧 56）

◇ 注意：绘制圆弧默认是按逆时针绘制的，即起点为 3 点和 5 点，终点为 2 点和 6 点，如果先绘制 2 点和 6 点，需要按住 Ctrl 键切换方向；如果需要输入圆弧的半径，在 "指定圆弧的起点："提示后光标平移，出现追踪线时输入长度值即可。

2.8　点 (PO)、定数等分 (DIV) 和定距等分 (ME)

"点" 命令在 "绘图" 菜单中的位置如图 2-16 所示。可以看出点有单点、多点、定数等分、定距等分多个命令，并且点有不同的显示样式，只有进行设置才能正确显示出来。

图 2-16　"点" 命令级联菜单

2.8.1　设置 "点样式"

"点样式" 命令调用方法有：
- 下拉菜单："格式" → "点样式"
- 命令行：DDPTYPE

进入 "点样式" 命令，出现如图 2-17 所示的 "点样式" 对话框，共有 20 种点显示样式，默认点的样式为第二种，因而在图中不能显示点。选择其他的点样式可将点显示出来，还可以调整显示的点的大小。"点" 命令绘制的点，只有当 "对象捕捉" 设置节点 ⊠ ☑节点 (N) 选中时，才能被捕捉到。

2.8.2　单点和多点 (PO)

"单点" 是绘制单个点，绘制一个点后自动退出命令。

"多点" 可以连续在屏幕上绘制多个点，如图 2-18 所示，直到按 Esc 键退出命令，空格和回车键均不能退出该命令。

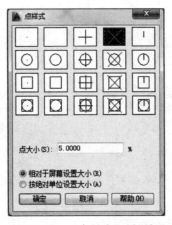

图 2-17 "点样式"对话框

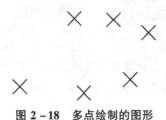

图 2-18 多点绘制的图形

2.8.3 定数等分 (DIV) 和定距等分 (ME)

"定数等分"是在直线或曲线对象上插入一定数量的等分节点；

"定距等分"是在直线或曲线对象上按一定距离插入等分节点。

定数等分和定距等分的具体操作过程见表2-6。

表 2-6 "定数等分"和"定距等分"的操作过程

功能	样图	作图过程
定数等分如右图所示的两条线段	1 ——×——×——×——×——×—— 2	设置如图2-17所示的"点样式" 命令: _DIVIDE 选择要定数等分的对象: (选择直线1或曲线2, 一次只能选择一个对象) 输入线段数目或 [块 (B)]: 6 (输入等分数目6, 回车完成图形)
定距等分有右图所示的两条线段	1 ×××××××××××× 2	命令: _MEASURE 选择要定距等分的对象: (选择直线1或曲线2, 一次只能选择一个对象) 指定线段长度或 [块 (B)]: 8 (输入等分距离8, 回车完成图形)

◇ 注意: 定数等分如果不能整除的话, 会涉及从哪个端点起分的问题。在指定选择对象时, 拾取点离哪个端点近, 说明从哪个端点开始等分; 选项 [块 (B)] 激活时, 可以将预先设定好的图块插入等分点的位置, 详见第9章图块。

2.9　椭圆（ELLIPSE）和椭圆弧

椭圆和椭圆弧的英文命令相同，都是 ELLIPSE，但在工具栏中的图标不同，分别是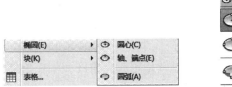
和 ⌒ 。"椭圆"和"椭圆弧"命令在菜单栏和功能区的位置如图 2 – 19 所示。

图 2 – 19　"椭圆"和"椭圆弧"命令在菜单和功能区中的位置

2.9.1　椭圆（ELLIPSE）

椭圆有长轴和短轴。椭圆的要素有圆心、四个轴端点。在绘图过程中根据椭圆的已知要素来选择绘图方法。

"椭圆"命令的调用方法有：

- 下拉菜单："绘图" → "椭圆"
- 命令行（快捷命令）：ELLIPSE（EL）
- 工具栏："绘图" → "椭圆" →
- 功能区："默认" → "绘图" →

[例 2 – 6]　绘制如图 2 – 20 所示的两个椭圆。

图形分析：

图 2 – 20（a）中的 1 点、2 点为椭圆的两个长轴端点，3 点为椭圆的短轴端点；图 2 – 20（b）中 1 点为椭圆的圆心，2 点为长轴端点，3 点为短轴端点，因而两个椭圆用不同的方法绘制。

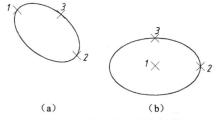

（a）　　　　　　（b）

图 2 – 20　椭圆的两种绘制方法

作图过程：

进入"椭圆"命令，命令行提示如下：

```
命令：_ELLIPSE
指定椭圆的轴端点或 [圆弧 (A)/中心点 (C)]：（光标拾取图 2 – 20 (a) 上的 1 点）
指定轴的另一个端点：（光标拾取图 2 – 20 (a) 上的 2 点）
指定另一条半轴长度或 [旋转 (R)]：（在屏幕任意捕捉一点，即可绘制成一个以直线 12 为轴的椭圆）
```

单击空格，重新进入"椭圆"命令：

命令：_ELLIPSE

指定椭圆的轴端点或［圆弧（A）/中心点（C）］：C（输入C空格，激活中心点选项）

指定椭圆的中心点：（光标拾取图2-20（b）中的1点为椭圆的中心点）

指定轴的端点：（光标拾取图2-20（b）中的2点为一个轴端点）

指定另一条半轴长度或［旋转（R）］：（在屏幕任意捕捉一点，该点到圆心的距离为另一半轴的长度，注意不一定是图中的3点，即可绘制一个椭圆）

2.9.2　椭圆弧

绘制椭圆弧，先绘制椭圆，再按逆时针指定起点角度和端点角度即可绘制椭圆弧。

"椭圆弧"命令的调用方法有：

- 下拉菜单："绘图"→"椭圆弧"
- 工具栏："绘图"→
- 功能区："默认"→"绘图"→

［例2-7］　绘制如图2-21所示的椭圆弧。

图形分析：

图中1点和2点为椭圆长轴上的点，3点为椭圆短轴的端点，4、5点为椭圆的起点和端点。

作图过程：

进入"椭圆弧"命令，命令行提示如下：

图2-21　绘制椭圆弧

命令：_ELLIPSE

指定椭圆的轴端点或［圆弧（A）/中心点（C）］：_A（单击椭圆弧命令）

指定椭圆弧的轴端点或［中心点（C）］：（指定轴端点1）

指定轴的另一个端点：（指定轴端点2）

指定另一条半轴长度或［旋转（R）］：（在屏幕任意捕捉一点，该点到圆心的距离为另一半轴的长度，注意不一定是图中的3点，即可绘制一个椭圆）

指定起点角度或［参数（P）］：（在过4点的追踪线上拾取一点，得到起点4）

指定端点角度或［参数（P）/包含角度（I）］：（在过5点的追踪线上拾取一点，得到端点5）

2.10　图案填充

在AutoCAD中可以用图案、纯色或渐变色来填充现有对象或封闭区域。工程图样中的剖面线一般是用"图案填充"来绘制。"图案填充"对话框的另一个选项卡为"渐变色"，可以在指定区域填充单色或双色的渐变色。

"图案填充"命令的调用方法有：

- 下拉菜单："绘图"→"图案填充"
- 命令行（快捷命令）：HATCH（H）
- 工具栏："绘图"→ ▨
- 功能区："默认"→"绘图"→ ▨

[例 2-8]　　在长 100、宽 50 的矩形中分别填充如图 2-22 所示的图案。

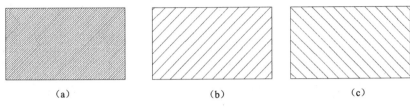

（a）　　　　　　　　　　　（b）　　　　　　　　　　　（c）

图 2-22　图案填充示例

（a）角度 0°，比例为 1；（b）角度 0°，比例为 5；（c）角度 90°，比例为 5

绘制过程如下：

图形分析：

三个图形的填充密度和角度不同。

作图过程：

用"矩形"或"直线"绘制好三个长 100、宽 50 的矩形后，进入"图案填充"命令，出现如图 2-23 所示的"图案填充和渐变色"对话框。"图案"选择"ANSI31"，设置"角度"为 0°、"比例"为 1 后，单击"添加：拾取点"按钮后切换到绘图屏幕，用十字光标在矩形内部拾取一点，矩形变为虚线后，单击空格对话框界面，单击"确定"按钮，完成图 2-22（a）的填充。

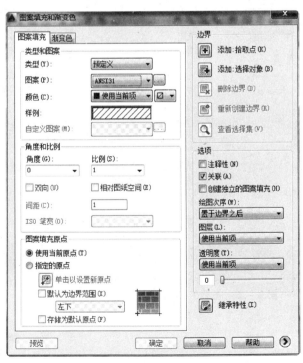

图 2-23　"图案填充和渐变色"对话框

图 2-22（b）和图 2-22（c）的作图方法相同，图 2-22（b）"角度"为 0°，"比例"为 5；图 2-22（c）"角度"为 90°，"比例"为 5。

选项说明：

① 在"图案填充和渐变色"对话框中单击"图案"列表后的 ▦ 按钮，会弹出如图 2-24 所示的"填充图案选项板"对话框，可选择 70 多种预定义的符合 ANSI、ISO 等行业标准的填充图案。

② 如果比例相对图形过小，填充的图形可能会变成实心的。

③ 单击对话框右下角的 ⊙ 按钮，会出现如图 2-25 所示拓展的"图案填充和渐变色"对话框。"孤岛显示样式"有"普通""外部"和"忽略"三种，图 2-26 列出了拾取点所在图示位置的三种图案填充效果。

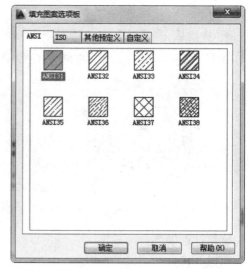

图 2-24 "填充图案选项板"对话框

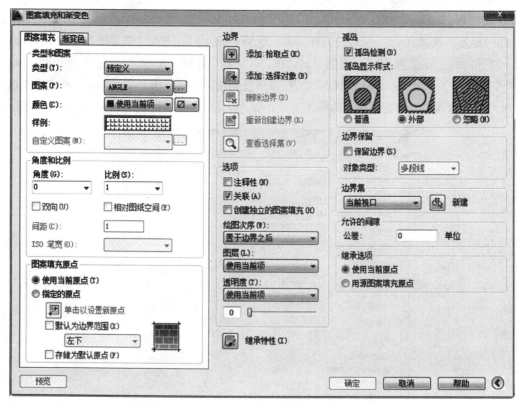

图 2-25 拓展的"图案填充和渐变色"对话框

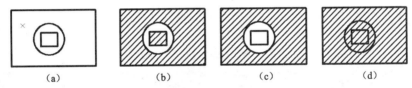

图 2 – 26 孤岛显示样式三种不同填充效果对比

（a）拾取点位置；（b）普通填充效果；（c）外部填充效果；（d）忽略填充效果

2.11 修订云线（REVC）

"修订云线"命令用于创建由连续圆弧组成的多线段，以构成云线形对象。在检查图形时，可以使用修订云线功能亮显标记以提高工作效率。

可以从头开始创建修订云线，也可以将闭合对象（如圆、椭圆、闭合多段线或闭合样条曲线）转换为修订云线。

"修订云线"命令的调用方法有：

- 下拉菜单："绘图"→"修订云线"
- 命令行（快捷命令）：REVCLOUD（REVC）
- 工具栏："绘图"→ ❀
- 功能区："默认"→"绘图"→ ❀

进入"修订云线"命令，命令行的提示如下：

命令：_REVCLOUD

最小弧长：15   最大弧长：15   样式：普通

指定起点或［弧长（A）/对象（O）/样式（S）］＜对象＞：（单击鼠标指定云线的起点）

沿云线路径指导十字光标…（沿着云线路径移动十字光标，完成修订云线）

完成的修订云线如图 2 – 27 所示。

◇ 注意：如果用户要改变弧长，可在"指定起点或［弧长（A）/对象（O）/样式（S）］＜对象＞："提示后输入 A 空格，激活弧长选项，指定最小和最大弧长。弧长的最大值不能超过最小值的 3 倍。

[例 2 – 9]   将如图 2 – 28 所示的矩形转换为修订云线。

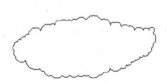

图 2 – 27 完成的修订云线   **图 2 – 28 将矩形转换为修订云线**

图形分析:

"修订云线"命令可将选中闭合对象转换为修订云线。

作图过程:

进入"修订云线"命令,命令行的提示如下:

命令: _REVCLOUD

最小弧长: 15   最大弧长: 15   样式: 普通

指定起点或 [弧长 (A)/对象(O)/样式(S)] <对象>: (按空格键,进入对象选项)

选择对象: (选择的矩形对象)

反转方向 [是 (Y)/否 (N)] <否>: (按空格键,云线自动转换)

修订云线完成。

2.12 样条曲线 (SPL)

样条曲线是经过或接近影响曲线形状的一系列点的平滑曲线。默认情况下,样条曲线是一系列 3 阶或三次多项式的过渡曲线段。这些曲线在技术上称为非均匀有理 B 样条(NURBS),但为简便起见,称为样条曲线。最常用是三次样条曲线,样条曲线在机械制图上可以用来绘制波浪线。

"样条曲线"命令调用方法有:

- 下拉菜单:"绘图" → "样条曲线"

- 命令行 (快捷命令) : SPLINE (SPL)

- 工具栏:"绘图" → ∿

- 功能区:"默认" → "绘图" → ∿

[例 2 −10]   绘制如图 2 −29 所示通过 6 个点的样条曲线。

图 2 −29   样条曲线实例

图形分析: 进入"样条曲线"命令,任取六个点,即可绘制一条样条曲线。

作图过程:

进入"样条曲线",命令行提示如下:

命令: _SPLINE

当前设置: 方式 = 拟合   节点 = 弦

指定第一个点或 [方式 (M)/节点 (K)/对象 (O)]: (光标拾取第一个点)

输入下一个点或 [起点切向 (T)/公差 (L)]: (光标拾取第二个点)

输入下一个点或 [端点相切 (T)/公差 (L)/放弃 (U)]: (光标拾取第三个点)

输入下一个点或［端点相切（T）/公差（L）/放弃（U）/闭合（C）］:（光标拾取第四个点）

输入下一个点或［端点相切（T）/公差（L）/放弃（U）/闭合（C）］:（光标拾取第五个点）

输入下一个点或［端点相切（T）/公差（L）/放弃（U）/闭合（C）］:（光标拾取第六个点）

输入下一个点或［端点相切（T）/公差（L）/放弃（U）/闭合（C）］:（空格结束命令，完成图形）

2.13 文 字

AutoCAD 中的文字是根据当前文字样式书写的。文字样式规定书写文字使用的字体、字高、字颜色、文字标注方向等。AutoCAD 2014 为用户提供了默认文字样式 STANDARD。在绘制图形时，一般用户需要定制文字样式，文字样式的定制详见第 6 章。文字分为"单行文字"和"多行文字"。

2.13.1 单行文字

单行文字用来创建一行或多行文字，其中，每行文字都是独立的对象，可对其进行重定位、调整格式或进行其他编辑操作。

"单行文字"命令调用方法有：

- 下拉菜单:"绘图"→"文字"→"单行文字"
- 命令行: TEXT
- 功能区:"默认"→"注释"→"单行文字"

进入"单行文字"命令后，命令行提示如下：

命令: _TEXT
当前文字样式:"工程" 文字高度: 5.0000 注释性: 否 对正: 左
(提示当前文字样式以及字高度等内容)
指定文字的起点或［对正（J）/样式（S）］:（光标拾取一点作为文字的起点位置）
指定文字的旋转角度 <0>:（输入角度值或在屏幕上指定方向，角度为 0°时，文字为水平；角度为 90°时，文字字头方向朝左）

此时可在屏幕上书写文字，书写完毕后按回车键换行，光标单击可以改变书写位置，按两次空格结束命令完成书写。

2.13.2 多行文字

多行文字是将若干文字段落创建为单个多行文字对象，使用编辑器格式化文字外观和边界。

"多行文字"命令调用方法有：

- 下拉菜单："绘图" → "文字" → "多行文字"
- 命令行（快捷命令）：MTEXT（T）
- 工具栏："绘图" → 🅰
- 功能区："默认" → "注释" → 🅰

进入"多行文字"命令后，命令行提示如下：

> 命令：_MTEXT
>
> 当前文字样式："工程"　文字高度：5　注释性：否
>
> （提示当前文字样式及字高度等内容）
>
> 指定第一角点：（光标拾取一点作为文字的第一个角点位置）
>
> 指定对角点或 [高度（H）/对正（J）/行距（L）/旋转（R）/样式（S）/宽度（W）/栏（C）]：（拾取对角点）

两个角点的位置即为书写文字的空间，此时屏幕上会出现如图 2 – 30 所示的文字在位编辑器，在文字编辑器里输入想要的文字，单击"确定"按钮完成书写。文字格式编辑器由"文字格式"工具栏和水平标尺等组成，工具栏上有一些下拉列表框、按钮等。用户可通过该编辑器对文字进行输入、修改样式等操作。

图 2 – 30　文字在位编辑器

2.13.3 文字编辑

无论是单行文字还是多行文字，都可以进行编辑操作。

直接在单行文字上双击，可以使文字处于编辑状态，此时可以键入新内容来修改单行文字的内容。

直接双击多行文字，系统会弹出多行文字编辑器，可以直接在编辑器中编辑文字的内容和格式。

按 Ctrl + 1 组合键出现"特性"选项板，可以修改文字内容、样式、高度、旋转角度等。

2.14　小　　结

本章介绍 AutoCAD 2014 二维绘图命令。由于 AutoCAD 2014 提供两种工作界面："AutoCAD 经典"和"草图与注释"界面，每种界面的命令排布不很相同，因而在介绍命令时提供多种命令的调用方法，初学者根据自己的作图习惯，选择最快捷的命令调用方法。二维绘图命令包括"直线""圆""圆弧""矩形""正多边形"等多种命令，本意详细介绍了每种命令的调用方法、执行过程和绘图效果，读者应对熟记常用命令的快捷键，从而达到熟练绘图的效果。

2.15　本　章　习　题

1. 思考题。

① 可以用几种方法绘制一个矩形？

② 用"定距等分"等分一条水平线，怎么保证从左端点起分？

③ 如何用"矩形"命令绘制一个带圆角的矩形和带倒角的矩形？

④ "多段线"命令用什么选项控制线宽？

2. 用"多段线"命令绘制如图 2-31 和图 2-32 所示图形。

（1）　　　　　　　　　　　　　　　　　　（2）

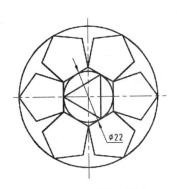

图 2-31　习题 2 图 1

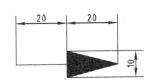

图 2-32　习题 2 图 2

3. 用"正多边形"命令绘制如图 2-33 和图 2-34 所示图形。

（1）　　　　　　　　　　　　　　　　　　（2）

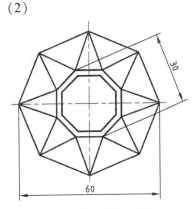

图 2-33　习题 3 图 1

图 2-34　习题 3 图 2

4. 根据尺寸绘制如图 2 – 35 ～ 图 2 – 37 所示图形。

（1）

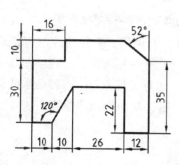

图 2 – 35　习题 4 图 1

（2）

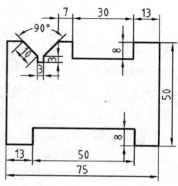

图 2 – 36　习题 4 图 2

（3）

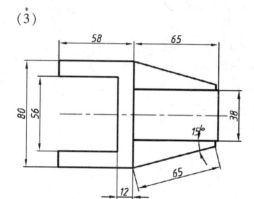

图 2 – 37　习题 4 图 3

第 3 章　AutoCAD 编辑图形

本章导读

✓ AutoCAD 常用编辑命令

✓ 构造选择集

✓ 修改命令的调用方法

✓ 夹点编辑

✓ 特性选项板

机械设计的过程往往不是从零开始的，而是在前人的基础上或借鉴同类的产品。AutoCAD 软件之所以在工程领域拥有大批的用户，往往不是由于它的绘图功能，而是由于它强大的编辑图形的功能。AutoCAD 编辑图形有多种方法：编辑命令、夹点编辑、特性修改等，每种编辑方法又有很多使用技巧，结合使用可以大大提高绘图效率和绘图质量。本章介绍 AutoCAD 常用的二维编辑命令和常用的绘图技巧。

3.1　AutoCAD 常用编辑命令

AutoCAD 编辑命令包括复制、删除、镜像、偏移、移动、旋转、缩放、修剪、打断、倒角、圆角、分解等。其在 "AutoCAD 经典" 界面中位于 "修改" 工具栏和 "修改" 下拉菜单中，分别如图 3 - 1 和图 3 - 2 所示；在 "草图与注释" 界面位于 "默认" 选项卡的 "修改" 面板，如图 3 - 3 所示。编辑命令的调用还可以通过在命令行输入命令或快捷键来实现。

表 3 - 1 列举了常用的修改命令的图标、中文名称、快捷命令。

图 3 - 1　"AutoCAD 经典" 界面的 "修改" 工具栏

图 3 - 2 "AutoCAD 经典"界面的"修改"下拉菜单

图 3 - 3 "草图与注释"界面的"修改"面板

表 3 - 1 常用的修改命令图标、名称对照表

工具图标	中文名称	英文命令	快捷命令	工具图标	中文名称	英文命令	快捷命令
	删除	ERASE	E		修剪	TRIM	TR
	复制	COPY	CO/CP		延伸	EXTEND	EX
	镜像	MIRROR	MI		单点打断	BREAK	
	偏移	OFFSET	O		打断	BREAK	BR
	阵列	ARRAY	AR		合并	JOIN	J

续表

工具图标	中文名称	英文命令	快捷命令	工具图标	中文名称	英文命令	快捷命令
	移动	MOVE	M		倒角	CHAMFER	CHA
	旋转	ROTATE	RO		圆角	FILLET	F
	缩放	SCALE	SC		光顺曲线	BLEND	BLEND
	拉伸	STRETCH	STR		分解	EXPLODE	X

3.2　构造选择集

用户要对已有的一些对象进行删除、复制、移动等编辑操作，都需要选中被操作的对象。选择对象或对操作对象进行筛选的过程，称为构造选择集。选择对象可以只选择一个对象，也可以同时选择多个对象。

3.2.1　选择集的两种显示状态

AutoCAD 中被选中的对象在屏幕上可能有如图 3 - 4 所示的两种显示状态。

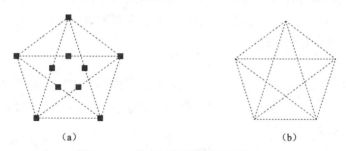

(a)　　　　　　　　　　(b)

图 3 - 4　选中对象的两种显示状态

（a）没有命令运行时选中对象的显示；（b）命令执行过程中选中对象的显示

● 在没有命令执行的情况下，绘图窗口内的光标为带小方框的十字光标 ✛，这时选中的对象为带夹点的虚线，如图 3 - 4（a）所示，夹点即为图中所示的正方形小点。利用夹点可以对图形进行编辑操作，夹点编辑操作方法详见 3.16 节的夹点编辑。

● 在命令执行的情况下，在命令提示行内显示"选择对象:"，此时十字光标变为矩形方框形状 ☐，称为拾取框。利用拾取框选中的对象显示为虚线，如图 3 - 4（b）所示。

3.2.2 构造选择集的方法

AutoCAD 中常用构造选择集有直接拾取、窗口、窗交、栏选等多种方式。在命令行输入 SELECT（SEL）命令后回车，输入"?"，回车，即可查看所有的选择对象方式，命令行的提示如下：

> 命令：SELECT　　　　　（输入 SELECT，回车）
> 选择对象：?　　　　　　（输入"?"，回车，查看选择对象方式）
> 需要点或窗口（W）/上一个（L）/窗交（C）/框（BOX）/全部（ALL）/栏选（F）/圈围（WP）/圈交（CP）/编组（G）/添加（A）/删除（R）/多个（M）/前一个（P）/放弃（U）/自动（AU）/单个（SI）/子对象（SU）/对象（O）

下面具体介绍几种最常用的选择对象即构造选择集的方法：

1. 直接拾取

将十字光标或拾取框移到对象上，这时会高亮显示对象，此时用鼠标单击会选中该对象。这种方法一次只能选中一个对象。

2. 选择全部对象

在命令行出现"选择对象："提示后，输入 ALL 即选中非冻结层上的所有对象，如图 3-5（a）所示。

3. 窗口方式

窗口选择方式，即选择由从左到右两角点定义的矩形中的所有对象。角点选择从左至右，如图 3-5（b）所示，即先单击点 1，再单击点 2，点 1 在点 2 左边，此时窗口显示的方框为矩形实线方框，方框中包含的对象被选中。

4. 窗交方式

窗交方式又称为交叉窗口方式，角点选择从右至左，如图 3-5（c）所示，先单击点 1，再单击点 2，点 1 在点 2 右边，此时窗口显示的方框为矩形虚线或高亮度方框，方框中包含的和与方框相交的所有对象均选中。

5. 栏选方式

在命令行出现"选择对象："提示后，输入 F 激活栏选方式，此时以多点连接为多段直线形成的选择栏的方式选择对象，如图 3-5（d）所示，与多点连接直线相交的对象均被选中，选择栏不闭合并且可以自相交。

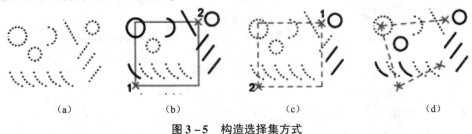

(a)　　　　　　(b)　　　　　　(c)　　　　　　(d)

图 3-5　构造选择集方式

(a) 全选；(b) 窗口；(c) 窗交；(d) 栏选

6. 取消选择

在构造选择集时，有时对象选多了，可以按 Esc 键取消全部选择对象，再重新构造选择集。要取消选择部分对象，按住 Shift 键的同时选择对象，会使选中对象取消选择。注意：按 Shift 键时，可以使用直接拾取、窗口、窗交等多种方式选择对象。

3.3　删除（E）

"删除"命令的功能是删除已有对象。在绘图过程中画错的线和辅助线可以应用"删除"命令进行删除对象。

"删除"命令调用方法有：

- 下拉菜单："修改" → "删除"
- 命令行（快捷命令）：ERASE（E）
- 工具栏："修改" → ![icon]
- 功能区："默认" → "修改" → ![icon]

删除对象的过程有两种：

① 先选中需要删除的对象，按"删除"图标，完成删除。

② 进入"删除"命令，选择需要删除的对象，空格完成删除。

◇ 注意：使用键盘上的 Delete 键也可以删除对象。操作方法是：先选中需要删除的对象，再按 Delete 键，即可完成删除。被锁定图层上的对象不能删除。

3.4　复制（CO）和移动（M）

"复制"和"移动"这两个命令的用法相似。"移动"是将指定对象移动到指定位置，不保留原图形；"复制"是将指定对象复制到指定位置，保留原图形。当图形中有相同的图形元素时，使用"复制"命令可以避免绘制重复的图形，提高作图效率。

3.4.1　复制（CO/CP）

"复制"命令是将指定对象复制到指定位置。采用"复制"命令时，首先需要选择对象，然后指定位移的基点和位移矢量（相对于基点的方向和大小）。

"复制"命令的调用方法有：

- 下拉菜单："修改" → "复制"
- 命令行（快捷命令）：COPY（CO/CP）
- 工具栏："修改" → ![icon]
- 功能区："默认" → "修改" → ![icon]

[例 3-1]　采用"复制"命令将图 3-6（a）中的圆复制到矩形的另外三个角点，复制后的图形如图 3-6（b）所示。

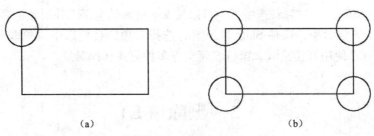

图 3 - 6　"复制"例图

(a) 复制前；(b) 复制后

图形分析：

复制的基点选择直接影响作图结果，本例中为保证作图精确，基点选择为圆的圆心。

操作过程：

进入"复制"命令，命令行提示如下：

> 命令：_COPY
>
> 选择对象：找到 1 个（拾取框拾取矩形左上角的圆）
>
> 选择对象：（空格或回车结束选择）
>
> 当前设置：复制模式 = 多个
>
> 指定基点或 [位移 (D) ／模式 (O)] <位移>：　　　（拾取圆的圆心为基点）
>
> 指定第二个点或 [阵列 (A)] <使用第一个点作为位移>：　　（指定矩形右上角点）
>
> 指定第二个点或 [阵列 (A) ／退出 (E) ／放弃 (U)] <退出>：（指定矩形左下角点）
>
> 指定第二个点或 [阵列 (A) ／退出 (E) ／放弃 (U)] <退出>：（指定矩形右下角点）
>
> 指定第二个点或 [阵列 (A) ／退出 (E) ／放弃 (U)] <退出>：　　（空格退出命令，完成图形）

◇ 注意："复制"命令得到的对象与源对象无关，源对象的改变不会影响复制得到的对象。"移动"是将指定的图形移动到指定的位置，不保留源图形。

3.4.2　移动 (M)

"移动"命令是将指定的图形移动到指定的位置，用法和"复制"命令相似。

"移动"命令调用方法有：

- 下拉菜单："修改"→"移动"
- 命令行（快捷命令）：MOVE (M)
- 工具栏："修改"→ ✥
- 功能区："默认"→"修改"→ ✥

[例 3 - 2]　将图 3 - 7 (a) 中的圆移动到矩形的右上角点，移动后的图形如图 3 - 7 (b) 所示。

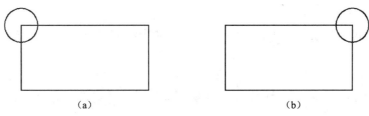

(a)   (b)

图 3 - 7 "移动"例图

（a）移动前；（b）移动后

图形分析：

作图方法与"复制"类似，基点也是选择圆的圆心。

操作过程：

进入"移动"命令，命令行提示如下：

命令：_MOVE
选择对象：找到 1 个（拾取框拾取矩形左上角的圆）
选择对象：（空格或回车结束选择）
指定基点或 [位移（D）] < 位移 >：（拾取圆的圆心为基点）
指定第二个点或 < 使用第一个点作为位移 >：（单击矩形右上角点，完成图形）

◇ 注意："移动"和"复制"命令中基点的选择很重要，是移动和复制的参考点，决定了能否将对象移动和复制到指定的位置。

3.5 镜像（MI）

"镜像"命令用来创建对象的镜像图形，对于对称的图形，可以只画一半，采用"镜像"命令绘制另外一半图形，提高绘图效率。

"镜像"命令调用方法有：

• 下拉菜单："修改" → "镜像"

• 命令行：MIRROR（MI）

• 工具栏："修改" → 🔀

• 功能区："默认" → "修改" → 🔀

[例 3 - 3] 利用"镜像"命令绘制如图 3 - 8（b）所示的轴。

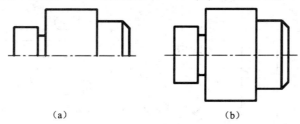

(a)   (b)

图 3 - 8 "镜像"例图

（a）原图；（b）结果

图形分析:

对称的图形可以只绘制一半,采用"镜像"命令绘制另一半。镜像线由屏幕上的两点确定。

操作过程:

绘制好如图 3-9(a)所示的轴的一半图形后,进入"镜像"命令,命令行提示如下:

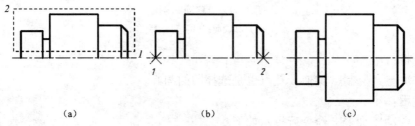

(a)   (b)   (c)

图 3-9　"镜像"过程

(a)用交叉窗口选择对象;(b)镜像线选择 1 点和 2 点;(c)镜像结果

> 命令: _MIRROR
> 选择对象:指定对角点:找到 15 个(用交叉窗口选原图中的一半图形,即先选 1 点再选 2 点,如图 3-9(a)所示)
> 选择对象:(按空格结束选择对象)
> 指定镜像线的第一点:(指定图 3-9(b)中的 1 点)
> 指定镜像线的第二点:(指定图 3-9(b)中的 2 点)
> 要删除源对象吗?[是(Y)/否(N)]<N>:(空格完成图形)

几点说明:

① 镜像线可由对称线上的任意两点来确定。

② 提示"要删除源对象吗?[是(Y)/否(N)]<N>:"是要用户决定是否保存图形原有的一半图形,选择[是(Y)],原有的一半图形在镜像后会被删除。

3.6　偏移(O)

"偏移"命令是对指定的直线、矩形、圆弧、圆等对象做偏移复制。在实际应用中,常利用"偏移"命令创建平行线或等距离分布图形。要偏移对象,首先要有一个原图形比如直线、圆、圆弧、矩形等,对这些图形进行等距离或指定通过点偏移。图 3-10 所示的图形均是由偏移得到的图形。

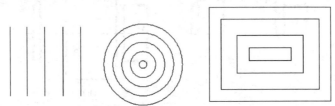

图 3-10　"偏移"命令绘制的图形

"偏移"命令调用方法有：

- 下拉菜单："修改" → "偏移"
- 命令行：OFFSET（O）
- 工具栏："修改" → ⬓
- 功能区："默认" → "修改" → ⬓

"偏移"命令可以通过指定偏移距离和指定通过点来实现等距离偏移和不等距离偏移的效果。

3.6.1　等距离偏移

等距离偏移是通过指定偏移距离来实现的。偏移距离可以通过键盘输入数值确定，如果不知道具体的数值，可以在屏幕上捕捉两点，以两点间的距离作为偏移的距离。

[例 3 – 4]　利用"偏移"命令将如图 3 – 11 所示直线 1 偏移得到直线 2、3、4，偏移距离为 10。

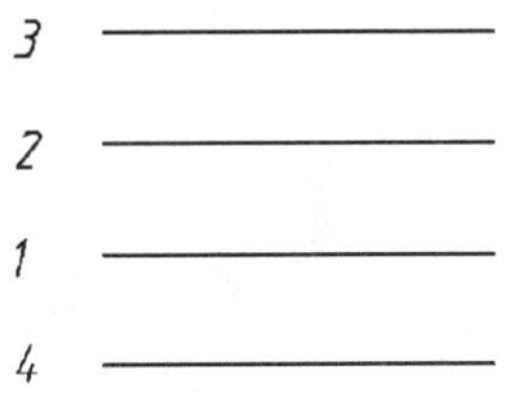

图形分析：

等距离偏移，需先指定偏移距离 10，选择需要偏移的对象，再在要偏移的那一侧拾取一点，确定偏移的方向。

操作过程：

进入"偏移"命令，命令行提示如下：

图 3 – 11　"偏移" 实例

> 命令：OFFSET
> 当前设置：删除源 = 否　图层 = 源　OFFSETGAPTYPE = 0
> 指定偏移距离或 [通过（T）/删除（E）/图层（L）] <通过>：10（输入偏移的距离 10，空格）
> 选择要偏移的对象，或 [退出（E）/放弃（U）] <退出>：（用拾取框拾取直线 1）
> 指定要偏移的那一侧上的点，或 [退出（E）/多个（M）/放弃（U）] <退出>：（在直线 1 上侧单击一点，得到直线 2）
> 选择要偏移的对象，或 [退出（E）/放弃（U）] <退出>：（用拾取框拾取直线 2）
> 指定要偏移的那一侧上的点，或 [退出（E）/多个（M）/放弃（U）] <退出>：（在直线 2 上侧单击一点，得到直线 3）
> 选择要偏移的对象，或 [退出（E）/放弃（U）] <退出>：（用拾取框拾取直线 1）
> 指定要偏移的那一侧上的点，或 [退出（E）/多个（M）/放弃（U）] <退出>：（在直线 1 下侧单击一点，得到直线 4）
> 选择要偏移的对象，或 [退出（E）/放弃（U）] <退出>：（单击空格或回车退出命令）

几点说明：

① 偏移的距离如果不知道数值，可以在屏幕上捕捉两点，以两点之间的直线距离作为偏移的距离。

② 如果是"圆""矩形"等命令绘制的图形，在"指定要偏移的那一侧上的点，或 [退出（E）/多个（M）/放弃（U）] <退出>："提示出现后，需要在对象内侧或外侧拾取一点。

3.6.2　不等距离偏移和偏移到不同图层

"偏移"命令指定通过点来实现不等距离偏移，可以将对象偏移到不同的图层，还可实现连续偏移。偏移到不同图层是通过"当前图层"和"源图层"来实现。"当前图层"即正在绘图的图层，"源图层"是源对象所在的图层，这里的源对象是指被偏移的对象。图层的操作详见第6章。

　　[例3-5]　利用"偏移"命令将如图3-12（a）所示粗实线层的圆偏移到细实线层并通过点1、2、3，偏移结果如图3-12（b）所示。

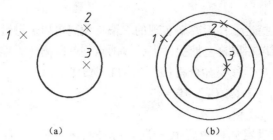

图3-12　按指定通过点偏移对象

（a）原图；（b）偏移结果

图形分析：

源对象为粗实线的圆，源图层即为"粗实线层"，将细实线层置为当前层，将对象偏移到"当前图层"，即可实现不同图层之间的偏移。选线［多个（M）］可以实现连续偏移。

操作过程：

首先创建"粗实线层"和"细实线层"两个图层，在"粗实线层"上绘制一个圆，再将当前图层置为细实线层。建立图层的方法和图层的相关操作详见第6章图层相关章节。

进入"偏移"命令，命令行提示如下：

```
命令：OFFSET
当前设置：删除源 = 否　图层 = 源　OFFSETGAPTYPE = 0
指定偏移距离或［通过（T）/删除（E）/图层（L）］<通过>：L（输入L空格激活
图层选项）
输入偏移对象的图层选项［当前（C）/源（S）］<源>：C（输入C空格激活当前选项）
指定偏移距离或［通过（T）/删除（E）/图层（L）］<通过>：T（输入T空格激活通过点）
选择要偏移的对象，或［退出（E）/放弃（U）］<退出>：（拾取粗实线圆）
指定通过点或［退出（E）/多个（M）/放弃（U）］<退出>：M（输入M空格激活多
个模式）
指定通过点或［退出（E）/放弃（U）］<下一个对象>：（拾取点1，得到通过点1的圆）
指定通过点或［退出（E）/放弃（U）］<下一个对象>：（拾取点2，得到通过点2的圆）
指定通过点或［退出（E）/放弃（U）］<下一个对象>：（拾取点3，得到通过点3的圆，
完成图形）
指定通过点或［退出（E）/放弃（U）］<下一个对象>：（空格退出命令）
```

3.7　阵列（AR）

在工程图样中有很多图形是按照一定规律分布的，比如成矩阵、环形或沿某一路径分布。"阵列"命令是创建以阵列模式排列的对象副本。阵列分为"矩形阵列""环形阵列"和"路径阵列"，利用阵列命令可以快速绘制呈规律分布的图形，提高绘图效率。阵列命令在两个界面的存在位置如图 3 – 13 所示。

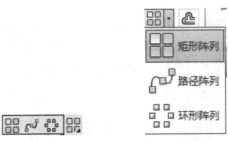

图 3 – 13　两个界面的"阵列"命令

3.7.1　矩形阵列

"矩形阵列"是通过指定行、列数及其间距来创建阵列对象的。

"矩形阵列"命令调用方法有：

- 下拉菜单："修改"→"阵列"→"矩形阵列"
- 命令行：ARRAYRECT
- 工具栏："修改"→ ![icon]
- 功能区："默认"→"修改"→ ![icon]

[例 3 – 6]　利用"矩形阵列"命令将图 3 – 14（a）所示的矩形创建如图 3 – 14（c）所示的矩形阵列，行间距和列间距均为 40。

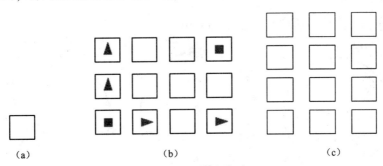

图 3 – 14　矩形阵列

（a）阵列前；（b）阵列过程；（c）矩形阵列结果

图形分析：

在"草图与注释"界面，进入"矩形阵列"命令，选中对象后会出现如图 3 – 15 所示的"阵列创建"面板，可对参数可以进行比较直观的修改。在"AutoCAD 经典"界面需通过命令行修改阵列参数。

默认	插入	注释	布局	参数化	视图	管理	输出	插件	Autodesk 360	精选应用	阵列创建	◂ ▾

矩形	列数:	4	行数:	3	级别:	1	关联 基点	关闭阵列
	介于:	44.8208	介于:	42.0616	介于:	1		
	总计:	134.4624	总计:	84.1232	总计:	1		
类型	列		行 ▾		层级		特性	关闭

图 3 - 15   "阵列创建"面板

操作过程：

进入"矩形阵列"命令后，选择如图 3 - 14 (a) 所示的矩形，屏幕上会出现如图 3 - 14 (b) 所示的可编辑状态，默认的为 3 行 4 列。拖动右上角夹点可以增加或减少行数和列数，左上角夹点调整行数，右下角夹点调整列数，此时命令行提示如下：

命令：_ARRAYRECT
    选择夹点以编辑阵列或 [关联 (AS) /基点 (B) /计数 (COU) /间距 (S) /列数 (COL) /行数 (R) /层数 (L) /退出 (X)] <退出>：S (输入 S 空格激活间距选项)
    指定列之间的距离或 [单位单元 (U)] <44.8208>：40 (输入列间距 40 空格)
    指定行之间的距离 <42.0616>：40 (输入行间距 40 空格)

完成的图形如图 3 - 14 (c) 所示。

3.7.2   环形阵列

"环形阵列"是通过围绕指定的中心点复制选定对象来创建阵列对象。
"环形阵列"命令的调用方法有：

- 下拉菜单："修改" → "阵列" → "环形阵列"
- 命令行：ARRAYPOLAR
- 工具栏："修改" → ⬚⬚⬚
- 功能区："默认" → "修改" → ⬚⬚⬚

[例 3 - 7]   利用"环形阵列"由图 3 - 16 (a) 绘制图 3 - 16 (c)。

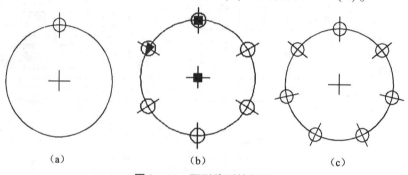

(a)   (b)   (c)

图 3 - 16   环形阵列的创建
(a) 阵列前；(b) 阵列过程；(c) 阵列结果

图形分析：

在"草图与注释"界面，进入"环形阵列"命令，选中对象和中心点后会出现如图 3 - 17 所示的"阵列创建"面板，可对参数进行比较直观的修改；在"AutoCAD 经典"界面需通过命令行修改阵列参数。

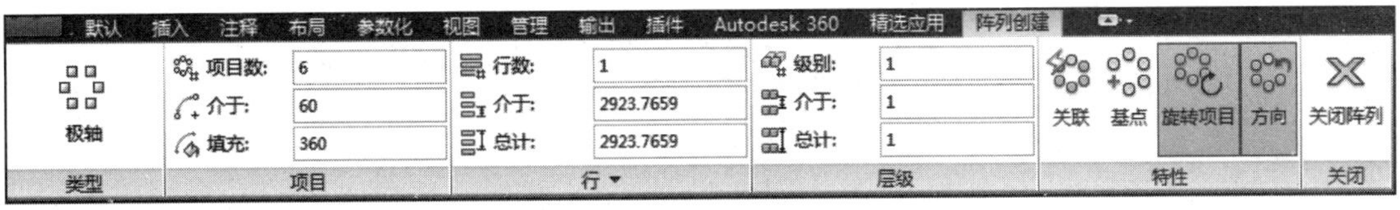

图 3 - 17　"阵列创建"面板

操作过程：

进入"环形阵列"命令，命令行提示如下：

> 命令：_ARRAYPOLAR
> 选择对象：指定对角点：找到 2 个（在屏幕上用窗口选择小圆和直线两对象）
> 选择对象：（空格完成对象选择）
> 类型 = 极轴　关联 = 否
> 指定阵列的中心点或 [基点（B）/ 旋转轴（A）]：（拾取框拾取大圆的中心点为中心点）

此时屏幕出现如图 3 - 16（b）所示的夹点方式，可以利用夹拖动夹点来绘制图形，也可以继续在命令行进行如下操作：

> 选择夹点以编辑阵列或 [关联（AS）/ 基点（B）/ 项目（I）/ 项目间角度（A）/ 填充角度（F）/ 行（ROW）/ 层（L）/ 旋转项目（ROT）/ 退出（X）] < 退出 >：I（输入 I 激活项目选项）
> 输入阵列中的项目数或 [表达式（E）] < 6 >：7（输入项目数 7，空格完成图形如图 3 - 16（c）所示）

3.7.3　路径阵列

"路径阵列"是沿整个路径或部分路径平均分布对象副本，可以实现对象的定距和定数等分的效果。

"路径阵列"命令调用方法有：

- 下拉菜单："修改"→"阵列"→"路径阵列"
- 命令行：ARRAYPATH
- 工具栏："修改"→ ⟋⟍
- 功能区："默认"→"修改"→ ⟋⟍

[例 3 - 8]　利用"路径阵列"绘制如图 3 - 18 所示的图形。

图形分析：

在"草图与注释"界面，进入"路径阵列"命令，选中对象和路径后会出现如图 3 - 19 所示的"阵列创建"面板，可对参数进行比较直观的修改。在"AutoCAD 经典"界面需通过命令行修改阵列参数。

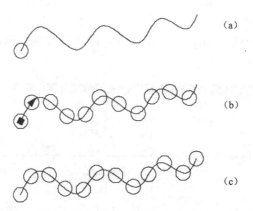

(a)

(b)

(c)

图 3 – 18 "路径阵列"创建实例

(a) 阵列前; (b) 阵列过程; (c) 阵列结果

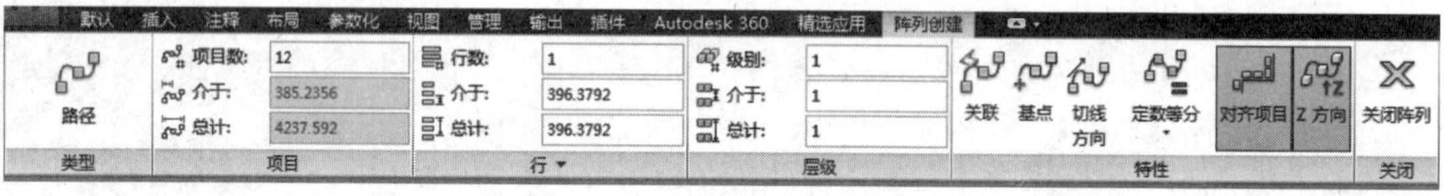

图 3 – 19 "阵列创建"面板

操作过程:

进入"路径阵列"命令, 命令行提示如下:

> 命令: _ARRAYPATH
>
> 选择对象: 找到 1 个 (选择图 3 – 18 (a) 中的圆)
>
> 选择对象: (空格结束选择对象, 此时屏幕出现如图 3 – 18 (b) 所示的可编辑状态)
>
> 类型 = 路径 关联 = 否
>
> 选择路径曲线: (选择样条曲线)
>
> 选择夹点以编辑阵列或 [关联 (AS) /方法 (M) /基点 (B) /切向 (T) /项目 (I) /行 (R) /层 (L) /对齐项目 (A) /Z 方向 (Z) /退出 (X)] <退出>: M (键入 M 空格, 激活方法选项)
>
> 输入路径方法 [定数等分 (D) /定距等分 (M)] <定距等分>: D (键入 D, 切换到定数等分)
>
> 选择夹点以编辑阵列或 [关联 (AS) /方法 (M) /基点 (B) /切向 (T) /项目 (I) /行(R) /层 (L) /对齐项目 (A) /Z 方向 (Z) /退出 (X)] <退出>: I (输入 I 空格, 激活项目)
>
> 输入沿路径的项目数或 [表达式 (E)] <11>: 12 (输入项目数 12 回车, 完成图形)
>
> 选择夹点以编辑阵列或 [关联 (AS) /方法 (M) /基点 (B) /切向 (T) /项目 (I) /行 (R) /层 (L) /对齐项目 (A) /Z 方向 (Z) /退出 (X)] <退出>: (空格退出命令)

◇ 注意: 可通过夹点编辑来控制项目间的距离。

3.8　旋　转　（RO）

　　"旋转"是指绕指定基点旋转图形中的对象。旋转的角度，可以输入角度值，也可以使用光标在屏幕上拖动。不知道具体的角度时，可指定参照角度，使之与绝对角度对齐。

　　"旋转"命令调用方法有：

- 下拉菜单："修改" → "旋转"
- 命令行（快捷命令）：ROTATE（RO）
- 工具栏："修改" →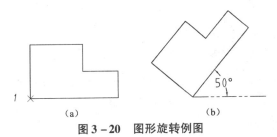
- 功能区："默认" → "修改" → ⟳

3.8.1　按指定角度旋转

　　当图形可以确定旋转的角度时，可以在提示后用键盘输入角度值，或用光标拖动完成旋转。

　　[例 3 - 9]　将图 3 - 20（a）所示的图形，通过"旋转"命令得到图 3 - 20（b）。

图 3 - 20　图形旋转例图

　　图形分析：

　　本例中 1 点为旋转中心，旋转的角度为 50°，角度默认逆时针为正。

　　操作过程：

　　进入"旋转"命令，命令行提示如下：

```
命令：_ROTATE
UCS 当前的正角方向：　ANGDIR = 逆时针　ANGBASE = 0
选择对象：指定对角点：找到 7 个（用窗口或窗交选中全部对象）
选择对象：（空格退出选择对象）
指定基点：（拾取框拾取 1 点为基点，即旋转中心）
指定旋转角度，或 [复制（C）/参照（R）] <30 >：50（输入 50 空格完成图形）
```

　　◇　注意：输入旋转角度值为 0° ~ 360°，还可以按弧度、百分度或勘测方向输入值。角度有正负值，默认逆时针方向为正。负角度值为顺时针。在"图形单位"对话框中，"基本角度方向设置"可以设置顺时针为正。

3.8.2　参照旋转

　　当图形不知道旋转角度，只知道要旋转的终点位置时候，可以使用 [参照（R）] 选项，使其与绝对角度对齐，用来精确绘图。

[例 3 – 10]　　将如图 3 – 21（a）所示图形旋转为图 3 – 21（b）。

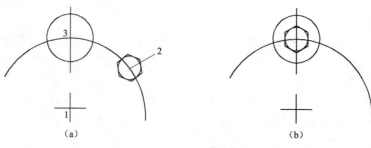

图 3 – 21　参照旋转实例

（a）旋转前；（b）旋转后

图形分析：

将图 3 – 21（a）中的小圆和六边形框旋转到大圆内，旋转中心为 1 点，由于不知道旋转的角度，因而需要激活 [参照（R）] 选项，指定 12 连线为参照角度，将其旋转到 13 连线位置，即可得到图形。

操作过程：

从上述调用方法中任选一种方法进入"旋转"命令，命令行提示如下：

命令：ROTATE

UCS 当前的正角方向：　ANGDIR = 逆时针　ANGBASE = 0

选择对象：找到 2 个（鼠标拾取六边形和小圆）

选择对象：（空格结束选择对象）

指定基点：（指定图中 1 点为基点）

指定旋转角度，或 [复制（C）/参照（R）] <50>：R（输入 R 空格激活参照选项）

指定参照角 <0>：（捕捉圆心 1 点）指定第二点：（捕捉小圆圆心 2 点，即将 12 连线角度指定为参照角）

指定新角度或 [点（P）] <0>：（拾取 3 点完成图形）

3.9　缩放（SC）

"缩放"命令用于放大或缩小选定对象，缩放后对象的比例保持不变。要缩放对象，需要指定基点和比例因子。基点是缩放操作的中心，并保持静止。比例因子大于 1 时，将放大对象；比例因子介于 0 和 1 之间时，将缩小对象；不知道比例因子时，可以采用 [参照（R）] 选项。

"缩放"命令的调用方法有：

● 下拉菜单："修改"→"缩放"

● 命令行（快捷命令）：SCALE（SC）

● 工具栏："修改"→

● 功能区："默认"→"修改"→

3.9.1　指定比例缩放

当知道缩放比例时，在提示输入比例因子时，用键盘输入数值，数值大于 1 时，为放大图形；比例因子介于 0 和 1 之间时，是缩小对象。

[例 3 - 11]　将图 3 - 22（a）所示的图形通过"缩放"命令绘制图 3 - 22（b）。

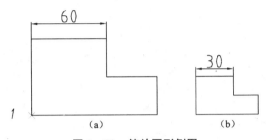

图 3 - 22　缩放图形例图
（a）原图形；（b）缩放结果

图形分析：
从两图尺寸对比看，比例因子为 0.5。
作图过程：
进入"缩放"命令，命令行提示如下：

> 命令：_SCALE
> 选择对象：指定对角点：找到 7 个（选定全部对象）
> 选择对象：（空格结束选择对象）
> 指定基点：（拾取图中 1 点为基点）
> 指定比例因子或 [复制 (C) / 参照 (R)]：0.5（输入 0.5 空格，完成图形）

3.9.2　参照缩放

在知道比例因子时，可以采用 [参照 (R)] 选项，使图形与某对象对齐。

[例 3 - 12]　将图 3 - 23（a）所示的圆放大到图 3 - 23（b）所示的状态。

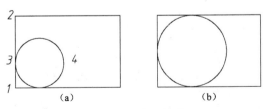

图 3 - 23　参照缩放
（a）原图；（b）缩放结果

图形分析：
需要缩放的圆不知道比例因子时，采用 [参照 (R)] 选项，将圆的直径（直线 34 的长度）指定为参照长度，为其指定一个新长度（直线 12 的长度），即可得到图形，缩放中心为 1 点。

作图过程：

进入"缩放"命令，命令行提示如下：

命令：_SCALE

选择对象：找到 1 个（选中图 3 -23（a）中的圆）

选择对象：（空格结束选择对象）

指定基点：（拾取图 3 -23（a）中 1 点为基点）

指定比例因子或［复制（C）/参照（R）］：R（键入 R 空格激活参照选项）

指定参照长度 <1.0000>：（拾取 3 点）指定第二点：（拾取 4 点，即指定直线 34 的长度为参照长度）

指定新的长度或［点（P）］<1.0000>：（拾取 2 点，即将直线 12 的长度指定为新的长度，完成图形）

3.10   拉伸（S）

"拉伸"命令用于拉伸所选定的对象。通常用来局部改变对象，提高作图效率，也可以用来移动对象。在绘制图形过程中，比如要绘制长为 60 的矩形，长度绘制成 40，此时不需重画矩形，利用"拉伸"命令可实现对图形的局部修改。由于是局部修改，因而"拉伸"命令只能用交叉窗口方式选择对象，窗口包含的和与窗口相交的对象可以被修改，窗口不包含的对象保持不变。如果选中全部对象，则"拉伸"的结果为平移。

"拉伸"命令调用方法有：

● 下拉菜单："修改"→"拉伸"

● 命令行（快捷命令）：STRETCH（S）

● 工具栏："修改"→ ▧

● 功能区："默认"→"修改"→ ▧

[**例 3 - 13**]   将图 3 - 24（a）所示的长为 40 的矩形"拉伸"成长为 60 的矩形，如图 3 - 24（c）所示。

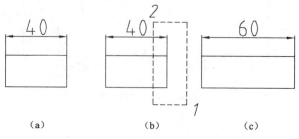

(a)   (b)   (c)

图 3 - 24   拉伸示例

（a）原图；（b）交叉窗口选择对象；（c）拉伸结果

图形分析：

结果和原图相比，只有长度有变化，宽度不变，可用"拉伸"来实现，采用交叉窗口选中矩形的上、右、下三边，如图 3 - 24（b）所示，使其向正右方拖动 20，可得到图形。

作图过程：

进入"拉伸"命令，命令行提示如下：

命令：_STRETCH

以交叉窗口或交叉多边形选择要拉伸的对象...（提示：拉伸命令必须以交叉方式选择对象）

选择对象：指定对角点：找到 2 个（窗交方式选中如图 3 -23（b）所示区域）

选择对象：（空格结束选择）

指定基点或［位移（D）］＜位移＞：（在屏幕上任取一点作为基点）

指定第二个点或 ＜使用第一个点作为位移＞：20（光标右移，出现水平追踪线时输入 20 空格完成拉伸）

◇ 注意：如果采用交叉窗口选择如图 3 - 25（b）所示的两个边，可以将其拉伸成如图 3 - 25（c）所示的图形。如果选中全部对象，则拉伸的结果是将全部对象进行移动，效果和"移动"相同。

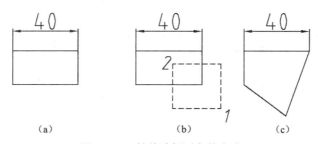

（a）　　　　　　　（b）　　　　　　　（c）

图 3 - 25　拉伸选择对象的方式

（a）原图；（b）选择对象方法；（c）拉伸结果

3.11　拉长（LEN）

"拉长"命令可以用来改变直线、圆弧、开放的椭圆弧、多段线和开放的样条曲线的长度。

使用"拉长"命令一般先选定拉伸方式，然后选择对象中需要拉长的那一端。

"拉长"命令调用方法有：

- 下拉菜单："修改"→"拉长"
- 命令行：LENGTHEN
- 工具栏："修改"→
- 功能区："默认"→"修改"→

进入"拉长"命令，命令行提示如下：

命令：_LENGTHEN
选择对象或［增量（DE）/百分数（P）/全部（T）/动态（DY）］：

选项说明：

①［增量（DE）］，是指从端点开始测量增加的长度或角度。输入的数值有正负值，正值为拉长，负值为缩短。

②［百分数（P）］，是按总长度或角度的百分比指定新长度或角度。

③［全部（T）］，是指定对象的总的绝对长度或包含角。

④［动态（DY）］，动态拖动对象的端点，使其拉长或缩短。

◇ 注意："拉长"命令不改变其位置或方向，仅拉长或缩短选定对象。"拉长"结果与延伸和修剪的相似。

3.12 修剪（TR）和延伸（EX）

"修剪"和"延伸"通过将对象缩短或拉长，使对象与其他对象的边相接。这意味着可以先创建对象（例如直线），然后调整该对象，使其恰好位于其他对象之间。

选择的剪切边或边界边无须与修剪对象相交。可以将对象修剪或延伸至投影边或延长线交点，即对象延长后相交的地方。图形上显示的所有对象都可能成为边界。

3.12.1 修剪（TR）

"修剪"命令执行过程中都要先修剪边界，空格/回车确认后，再选择被修剪边。直线、圆弧、圆、椭圆或椭圆弧、多段线、样条曲线、构造线、射线及文字都可以作为修剪边。剪切边也可以同时作为被剪边。默认情况下，选择要修剪的对象（即选择被剪边），系统将以剪切边为界，将被剪切对象上位于拾取点一侧的部分剪切掉。

"修剪"命令的调用方法有：

- 下拉菜单："修改"→"修剪"
- 命令行（快捷命令）：TRIM（TR）
- 工具栏："修改"→ -/---
- 功能区："默认"→"修改"→ -/---

［例3－14］ 将图3－26（a）所示的两条相交直线修剪成如图3－26（c）所示的图形。

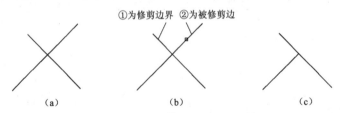

图3－26 "修剪"命令的执行过程

（a）原图；（b）选择对象方法；（c）修剪结果

图形分析：

图 3 - 26 (b) 中直线①为修剪边界，②为被修剪边，"修剪"命令先选修剪边，空格/回车后选择需要修剪的部分。

操作过程：

进入"修剪"命令，命令行提示如下：

命令：TRIM

当前设置：投影 = UCS，边 = 无

选择剪切边...

选择对象或 <全部选择>：找到 1 个（选择直线①为修剪边界，如图 3 - 26 (b) 所示）

选择对象：（空格结束选择）

选择要修剪的对象，或按住 Shift 键选择要延伸的对象，或 [栏选 (F)/窗交 (C)/投影 (P)/边 (E)/删除 (R)/放弃 (U)]：（光标拾取框在图 3 - 26 (b) 所示处选择直线②）

选择要修剪的对象，或按住 Shift 键选择要延伸的对象，或 [栏选 (F)/窗交 (C)/投影 (P)/边 (E)/删除 (R)/放弃 (U)]：（空格完成修剪，修剪结果如图 3 - 26 (c) 所示）

在"选择对象或 <全部选择>："提示下按空格或回车，可将全部对象作为修剪边界。

[**例 3 - 15**]　　将图 3 - 27 (a) 所示原图修剪成图 3 - 27 (c) 所示的图形。

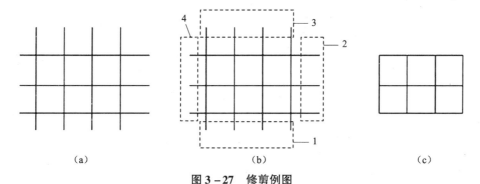

(a)　　　　　　　　　　　(b)　　　　　　　　　　　(c)

图 3 - 27　修剪例图

(a) 原图；(b) 选择对象；(c) 修剪结果

图形分析：

本例中修剪的边界比较多，为了方便，可选择所有对象作为修剪边界，再依次用交叉窗口选择图 3 - 27 (b) 所示的四个对象集，可完成修剪。

操作过程：

进入"修剪"命令，命令行提示如下：

命令：TRIM

当前设置：投影 = UCS，边 = 无

选择剪切边...

选择对象或 <全部选择>：（空格，即将全部对象作为修剪边界）

选择要修剪的对象，或按住 Shift 键选择要延伸的对象，或

[栏选（F）/窗交（C）/投影（P）/边（E）/删除（R）/放弃（U）]: 指定对角点:
（按窗交方式选择对象集1，如图3 – 27（b）所示）

选择要修剪的对象，或按住 Shift 键选择要延伸的对象，或

[栏选（F）/窗交（C）/投影（P）/边（E）/删除（R）/放弃（U）]: 指定对角点:
（按窗交方式选择对象集2，如图3 – 27（b）所示）

选择要修剪的对象，或按住 Shift 键选择要延伸的对象，或

[栏选（F）/窗交（C）/投影（P）/边（E）/删除（R）/放弃（U）]: 指定对角点:
（按窗交方式选择对象集3，如图3 – 27（b）所示）

选择要修剪的对象，或按住 Shift 键选择要延伸的对象，或

[栏选（F）/窗交（C）/投影（P）/边（E）/删除（R）/放弃（U）]: 指定对角点:
（按窗交方式选择对象集4，如图3 – 27（b）所示）

选择要修剪的对象，或按住 Shift 键选择要延伸的对象，或

[栏选（F）/窗交（C）/投影（P）/边（E）/删除（R）/放弃（U）]: （空格完成修剪，同时退出命令）

◇ 注意：四组对象的选择顺序可以变化，对象也可以单击选择，这里用窗口选择，是为了一次选择多个对象，提高作图效率。

"修剪"命令可以实现延伸效果。在选择被修剪对象时，如果按下 Shift 键，同时选择与修剪边不相交的对象，修剪边界将变为延伸边界，将选择的对象延伸至与修剪边界相交。

[**例3 – 16**] 　将图3 – 28（a）所示原图通过"修剪"命令绘制成图3 – 28（c）所示的图形。

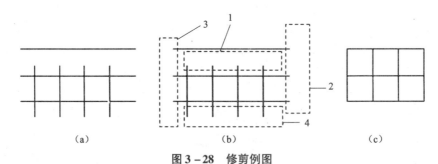

图3 – 28　修剪例图

(a) 原图；(b) 选择对象；(c) 修剪结果

图形分析：

本例和上例相似，但是四条竖直线和最上边的水平线不相交，因而需要按 Shift 键选修剪对象，实现延伸效果，即选择对象集1时，需要按住 Shift 键选择。

操作过程：

进入"修剪"命令，命令行提示如下：

命令: TRIM

当前设置: 投影 = UCS，边 = 无

选择剪切边 ...（提示先选择修剪边界）

选择对象或 <全部选择>：（空格，选择全部对象作为修剪边界）

选择要修剪的对象，或按住 Shift 键选择要延伸的对象，或

[栏选（F）/窗交（C）/投影（P）/边（E）/删除（R）/放弃（U）]：指定对角点：（按住 Shift 键，同时按窗交方式选择对象集 1，如图 3 - 28（b）所示，即将四根竖直线延伸到上边的直线）

选择要修剪的对象，或按住 Shift 键选择要延伸的对象，或

[栏选（F）/窗交（C）/投影（P）/边（E）/删除（R）/放弃（U）]：指定对角点：（按窗交方式选择对象集 2，如图 3 - 28（b）所示）

选择要修剪的对象，或按住 Shift 键选择要延伸的对象，或

[栏选（F）/窗交（C）/投影（P）/边（E）/删除（R）/放弃（U）]：指定对角点：（按窗交方式选择对象集 3，如图 3 - 28（b）所示）

选择要修剪的对象，或按住 Shift 键选择要延伸的对象，或

[栏选（F）/窗交（C）/投影（P）/边（E）/删除（R）/放弃（U）]：指定对角点：（按窗交方式选择对象集 4，如图 3 - 28（b）所示）

选择要修剪的对象，或按住 Shift 键选择要延伸的对象，或

[栏选（F）/窗交（C）/投影（P）/边（E）/删除（R）/放弃（U）]：（空格完成修剪图形，同时退出命令）

3.12.2　延伸（EX）

"延伸"与"修剪"的操作方法相似，先选择延伸的边界，再选择需要延伸的对象，使它们精确地延伸至边界边。通过"延伸"命令同样可以实现修剪效果。

"延伸"命令的调用方法有：

- 下拉菜单："修改"→"延伸"
- 命令行（快捷命令）：EXTEND（EX）
- 工具栏："修改"→ ---/
- 功能区："默认"→"修改"→ ---/

[例 3 - 17]　将图 3 - 29（a）所示原图通过"延伸"命令绘制成图 3 - 29（c）所示的图形。

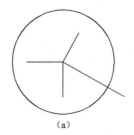 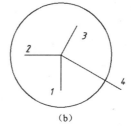 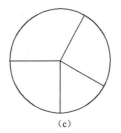

（a）　　　　　　　　　　（b）　　　　　　　　　　（c）

图 3 - 29　"延伸"命令操作过程

（a）原图；（b）选择对象；（c）结果

图形分析：

原图与结果对比，延伸边界为图示的直线 1、2、3，直线 4 需要修剪，可在选择要延伸的对象时按 Shift 键，实现修剪效果。

操作过程：

进入"延伸"命令，命令行提示如下：

> 命令：EXTEND
>
> 当前设置：投影 = UCS，边 = 无
>
> 选择边界的边...
>
> 选择对象或 <全部选择>：找到 1 个（选择圆作为延伸边界）
>
> 选择对象：（空格结束选择边界）
>
> 选择要延伸的对象，或按住 Shift 键选择要修剪的对象，或
>
> [栏选（F）/窗交（C）/投影（P）/边（E）/放弃（U)]：（拾取直线 1）
>
> 选择要延伸的对象，或按住 Shift 键选择要修剪的对象，或
>
> [栏选（F）/窗交（C）/投影（P）/边（E）/放弃（U)]：（拾取直线 2）
>
> 选择要延伸的对象，或按住 Shift 键选择要修剪的对象，或
>
> [栏选（F）/窗交（C）/投影（P）/边（E）/放弃（U)]：（拾取直线 3，如图 3 - 28（b）所示）
>
> 选择要延伸的对象，或按住 Shift 键选择要修剪的对象，或
>
> [栏选（F）/窗交（C）/投影（P）/边（E）/放弃（U)]：（按住 Shift 键的同时拾取直线 4 处在圆的外侧部分，可实现修剪，如图 3 - 28（b）所示）
>
> 选择要延伸的对象，或按住 Shift 键选择要修剪的对象，或
>
> [栏选（F）/窗交（C）/投影（P）/边（E）/放弃（U)]：（空格完成图形，退出命令）

3.13   打断（BR）、合并（J）

这两个命令具有相反的功能。"打断"可以将一个对象打断为两个对象，对象之间可以有间隙，也可以没有间隙，还可以将对象剪短。打断分为"打断"和"打断于点"两个命令。"合并"是将多个对象创建为单个对象或多个对象。

3.13.1   打断（BR）

"打断"可以在对象上的两个指定点之间创建间隔，从而将对象打断为两个对象。如果这些点不在对象上，则会自动投影到该对象上。

"打断"命令的调用方法有：

- 下拉菜单："修改" → "打断"
- 命令行（快捷命令）：BREAK（BR）
- 工具栏："修改" → 🔲

● 功能区：“默认”→“修改”→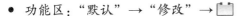

　　“打断”命令调用的效果如图 3 – 30 所示。图 3 – 30（a）所示为两点打断的效果，打断的第一点默认的是选择对象的那一点，第二点是用户根据提示指定的点。如果指定第二点的范围超出了对象的范围，则会将对象剪短，效果如图 3 – 30（b）所示。如果第二点与第一点的位置重合，则将对象分成没有间隙的两个部分，效果与“打断于点”命令的相同。

图 3 – 30　打断过程

(a) 打断效果；(b) 剪短效果

　　圆、椭圆等封闭图形的“打断”，默认按逆时针方向进行。大多数几何对象上都可以创建打断，图块、标注、多线和面域等几何对象上可以先使用“分解”命令分解，然后再进行打断。

3.13.2　打断于点

　　“打断于点”将一个对象在一个点处打断，即分为无间隙两个部分。

　　“打断于点”命令的调用方法有：

● 工具栏：“修改”→ □

● 功能区：“默认”→“修改”→ □

　　“打断于点”的操作过程为：进入“打断于点”命令，选择需要打断的对象，指定一个打断点，打断完成。如果点不在对象上，则会自动投影到该对象上。

　　◇ 注意：圆、椭圆等闭合对象不能“打断于点”。

3.13.3　合并（J）

　　使用“合并”将直线、圆弧、椭圆弧、多段线和样条曲线通过其端点合并为单个对象。

　　“合并”命令调用方法有：

● 下拉菜单：“修改”→“合并”

● 命令行：JOIN（J）

● 工具栏：“修改”→ ⊬

● 功能区：“默认”→“修改”→ ⊬

　　进入“合并”命令，命令行提示如下：

```
命令：_JOIN
选择源对象或要一次合并的多个对象：(选择源对象或要一次合并的多个对象)
选择要合并的对象：(选择要合并的对象)
```

选择要合并的直线：(空格完成选择)
已将 1 条直线合并到源

几点说明：

① 源对象为一条直线时，两合并的直线与原直线必须共线，两直线之间可以有间隙，也可以无间隙。

② 源对象为一条开放的多段线时，对象可以是直线、多段线或圆弧，对象之间不能有间隙，且所有对象必须处在与 XY 平面平行的同一平面上。

③ 源对象为一条圆弧时，合并的圆弧对象必须位于同一假想的圆上，它们之间可以有间隙或无间隙。

④ 源对象为一条椭圆弧时，椭圆弧必须位于同一椭圆上，它们之间可以有间隙或无间隙。并且合并两条或多条椭圆弧时，将从源对象开始按逆时针方向合并椭圆弧。

⑤ 源对象为一条开放的样条曲线时，样条曲线对象必须位于同一平面内，并且必须首尾相邻（端点到端点放置）。

3.14　倒角（CHA）、圆角（F）

在绘制机械零件图时，会有一些工艺结构，如倒角和圆角。铸件和锻件的毛坯一般都有圆角，机加工为了去除毛刺锐边和方便装配，会设计倒角。本节介绍倒角和圆角的绘制方法。

3.14.1　倒角（CHA）

"倒角"是以倒角或平角连接两个对象，用户要按选择对象的次序指定倒角的距离和角度。直线、多段线、射线、构造线、矩形等都可以作为倒角连接的对象。

"倒角"命令调用方法有：

- 下拉菜单："修改" → "倒角"
- 命令行（快捷命令）：CHAMFER（CHA）
- 工具栏："修改" → ⌒
- 功能区："默认" → "修改" → ⌒

[例 3-18]　利用"倒角"命令对如图 3-31（a）所示的两条直线绘制倒角，如图 3-31（c）所示。

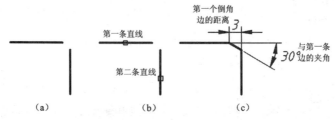

图 3-31　倒角的画法

(a) 原图；(b) 选择对象的顺序；(c) 倒角结果

图形分析：

在默认的情况下，"倒角"的两个倒角边的距离均为 0，因而绘制倒角首先要设置倒角的距离或角度，本例需要设置倒角的角度。[角度（A）]选项，首先要指定第一条直线的倒角长度，再指定与第一条直线的倒角角度，本例分别设置为 3 和 30°，如图 3 - 31（c）所示，因而在选择两个倒角边的顺序时，需按图 3 - 31（b）所示设置，不能颠倒，否则图形不正确。

操作过程：

进入"倒角"命令，命令行提示如下：

命令：CHAMFER

（"修剪"模式）当前倒角距离 1 = 0.0000，距离 2 = 0.0000

选择第一条直线或[放弃（U）/多段线（P）/距离（D）/角度（A）/修剪（T）/方式（E）/多个（M）]：A（键入 A 空格，激活角度模式）

指定第一条直线的倒角长度 < 0.0000 >：3（输入 3 空格，指定第一条直线的倒角长度为 3）

指定第一条直线的倒角角度 < 0 >：30（输入 30 空格，指定第一条直线的倒角角度）

选择第一条直线或[放弃（U）/多段线（P）/距离（D）/角度（A）/修剪（T）/方式（E）/多个（M）]：（拾取如图 3 - 31（b）所示的第一条直线）

选择第二条直线，或按住 Shift 键选择直线，以应用角点或[距离（D）/角度（A）/方法（M）]：（拾取如图 3 - 31（b）所示的第二条直线，完成倒角）

当知道两个倒角边的距离时，可设置[距离（D）]选项。图 3 - 32（b）所示为当两个倒角边距离都为 2 时绘制的图形，当两个倒角距离均为 0 时，两直线连接形成直角，如图 3 - 32（c）所示。

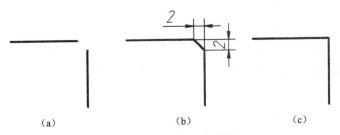

图 3 - 32　倒角距离设置

(a) 原图；(b) 两个倒角距离均为 2；(c) 倒角距离为 0

◇ 注意：绘制倒角时，倒角距离或倒角角度不能太大，超过直角边的距离时无效。倒角相对于图形太小时，可能显示为直角，此时，需放大倒角部分。

当对象是由"矩形""多段线"等部分绘制时，采用[多段线（P）]选项可以一次绘制多个倒角，从而提高作图效率。

[例 3 - 19]　给如图 3 - 33（a）所示的"矩形"绘制倒角，如图 3 - 33（b）所示。

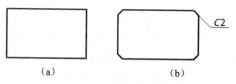

(a)　　　　　　　　(b)

图 3 – 33　同时绘制多个倒角示例

(a) 原图；(b) 结果

图形分析：

原图是由"矩形"绘制的整体对象，在设置好倒角距后，可以利用［多段线（P）］选项一次完成 4 个倒角。

操作过程：

进入"倒角"命令，命令行提示如下：

> 命令：_CHAMFER
>
> （"修剪"模式）当前倒角距离 1 = 0.0000，距离 2 = 0.0000
>
> 选择第一条直线或［放弃（U）／多段线（P）／距离（D）／角度（A）／修剪（T）／方式（E）／多个（M）］：D（键入 D 空格，激活距离选项）
>
> 指定第一个倒角距离 <0.0000>：2（指定第一个倒角距离为 2）
>
> 指定第二个倒角距离 <2.0000>：（空格指定第二个倒角距离为 2）
>
> 选择第一条直线或［放弃（U）／多段线（P）／距离（D）／角度（A）／修剪（T）／方式（E）／多个（M）］：P（键入 P 空格激活多段线选项）
>
> 选择二维多段线或［距离（D）／角度（A）／方法（M）］：)（选择矩形，同时完成 4 个倒角）
>
> 4 条直线已被倒角

◇ 注意：必须是"矩形""多段线"等命令绘制的整体对象，才可以采用［多段线（P）］选项，用其他命令绘制的图形需转化为多段线，才能应用该选项。

3. 14. 2　圆角（F）

"圆角"是用指定半径的圆弧光滑连接两个对象。被连接的对象可以是直线、多段线、射线、构造线、圆弧、样条曲线等。工程图样中圆弧可以用"圆角"命令进行快速绘制。如图 3 – 34 所示的三个图形都可以用"圆角"命令绘制。

图 3 – 34　"圆角"命令绘制图例

"圆角"命令调用方法有：

- 下拉菜单："修改"→"圆角"
- 命令行（快捷命令）：FILLET（F）
- 工具栏："修改"→
- 功能区："默认"→"修改"→

由于默认的圆角半径为0，因此运行"圆角"命令，首先要指定圆角的半径，再选择需要连接的两个对象。

选用任意一种方式进入"圆角"命令，命令行提示如下：

> 命令：FILLET
> 当前设置：模式 = 修剪，半径 = 0.0000
> 选择第一个对象或 [放弃（U）/多段线（P）/半径（R）/修剪（T）/多个（M）]：R（输入R空格激活半径选项）
> 指定圆角半径 <0.0000>：20（输入20空格）
> 选择第一个对象或 [放弃（U）/多段线（P）/半径（R）/修剪（T）/多个（M）]：（选择第一个对象）
> 选择第二个对象，或按住 Shift 键选择对象，以应用角点或 [半径（R）]：（选择第二个对象，完成圆角）

◇ 注意：在用"圆角"绘图时，选择对象的顺序不影响绘图效果，选择对象时，拾取点的位置可能会对绘图结果有影响，选择对象的拾取点要尽量接近切点的位置。

"圆角"可以有"修剪"和"不修剪"两种模式，[修剪（T）] 选项可以对圆角的修剪模式进行设置，两种模式的作图效果如图 3 – 35 所示。

(a)　　　　　　　　(b)

图 3 – 35　"圆角"修剪模式效果对比

(a) 修剪模式；(b) 不修剪模式

关于倒角和圆角的几点说明：

① 如果圆角的半径或倒角的边太长，超过某一边对象的长度，则不能绘制圆角或倒角。

② 对两条平行线绘制圆角时，自动将圆角的半径定为两条平行线间距的一半；两条直线平行或发散时，则不能倒角。

③ 如果指定半径为0，则不产生圆角和倒角，只是将两个对象延长相交。

④ 如果绘制圆角和倒角的两个对象具有相同的图层、线型和颜色，则圆角对象也与其相同；否则，圆角对象采用当前图层、线型和颜色。

3.15 分 解 (X)

对于多段线、矩形、多边形、图案填充或块参照等复合对象，可以用"分解"命令将其转换为单个的元素。分解多段线是将对象分为简单的线段和圆弧，线段会丢失宽度信息。如图 3－36 所示，图形分解后，宽度信息丢失。

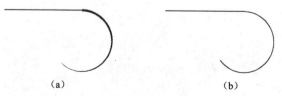

(a)   (b)

图 3－36　多段线分解后宽度信息消失

(a) 分解前；(b) 分解后

"分解"命令调用方法有：
- 下拉菜单："修改"→"分解"
- 命令行（快捷命令）：EXPLODE(X)
- 工具栏："修改"→ 📷
- 功能区："默认"→"修改"→ 📷

对象分解过程有两种：第一种是先选择需要分解的对象，进入"分解"命令，完成分解；第二种是进入"分解"命令，选择需要分解的对象，空格或回车完成分解。对于没有宽度的对象，分解的效果不是很明显，可以通过选择对象，观察其是不是一个整体来判断是否分解成功。

3.16 夹 点 编 辑

在没有命令运行时，用十字光标单击对象，或用窗口或交叉窗口选中对象，这时对象显示为带蓝点的虚线。图形上的这些蓝点就是夹点，如图 3－37 所示。夹点是对象上的控制点，也是特征点。利用夹点配合快捷键和命令行提示，可以方便地对图形进行一些如移动、旋转、复制、缩放、镜像、拉伸等编辑操作。

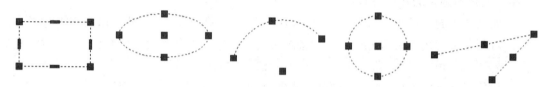

图 3－37　各种对象的夹点

夹点分为普通夹点和多功能夹点。多功能夹点即这个夹点有超过一种功能。如果是多功能夹点，当鼠标悬停在该夹点上时，会出现功能菜单，列出该夹点的所有功能。

夹点有三种状态：选中对象夹点默认是蓝色的，称为冷夹点；鼠标悬停到夹点上，夹点会变成橘色，多功能夹点此时会出现功能菜单，称为温夹点；此时鼠标左键单击夹点或单击功能菜单上的命令，夹点处在可编辑状态，称为热夹点。

[**例 3 - 30**]　将图 3 - 38（a）所示的矩形通过夹点编辑转化成图 3 - 38（c）所示的图形。

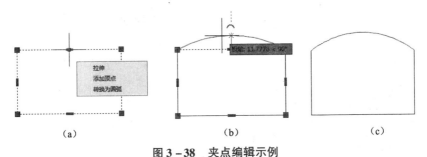

图 3 - 38　夹点编辑示例

（a）矩形中间夹点的快捷菜单；（b）选中"转换为圆弧"；（c）结果

图形分析：

采用夹点编辑首先要选中对象，出现冷夹点；鼠标悬停转换为温夹点，判断该夹点是否为多功能夹点，单击夹点或在功能菜单上单击转换成热夹点，进行编辑。本例是通过矩形上边中心的多功能夹点来编辑图形。

操作过程：

选中矩形，将十字光标悬停在如图 3 - 38（a）所示的矩形中间夹点，在出现的快捷菜单上左键单击"转换为圆弧"，进入热夹点状态，光标上移，移到合适的位置后，单击鼠标，得到如图 3 - 38（c）所示的图形。

在热夹点状态，配合命令行可以实现复制、移动功能。

当夹点进入热夹点状态时，命令行会出现"指定拉伸点或［基点（B）/复制（C）/放弃（U）/退出（X）］:"提示，此时根据选项可对图形进行复制、移动、偏移等操作。

[**例 3 - 21**]　将如图 3 - 39（a）所示的圆利用夹点编辑实现如图 3 - 39（c）所示的偏移效果。

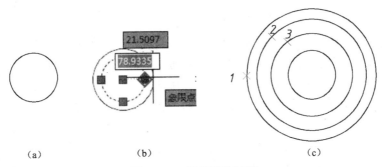

图 3 - 39　快捷操作过程

（a）原图；（b）激活象限点夹点并采用复制命令；（c）实现偏移效果

图形分析：

激活圆的象限点夹点可以改变圆的大小，同时，采用复制命令可实现偏移效果。

操作过程：

单击任意一个圆象限点夹点使之激活，称为热夹点，如图 3 - 39（b）所示。同时，命令行有如下提示：

> 命令：
> ** 拉伸 **（提示进入夹点拉伸功能）
> 指定拉伸点或［基点（B）/复制（C）/放弃（U）/退出（X）］：C（键入C空格，激活复制状态）
> ** 拉伸（多重）**
> 指定拉伸点或［基点（B）/复制（C）/放弃（U）/退出（X）］：（单击1点，完成通过1点的圆）
> ** 拉伸（多重）**
> 指定拉伸点或［基点（B）/复制（C）/放弃（U）/退出（X）］：（单击2点，完成通过2点的圆）
> ** 拉伸（多重）**
> 指定拉伸点或［基点（B）/复制（C）/放弃（U）/退出（X）］：（单击3点，完成通过3点的圆）
> ** 拉伸（多重）**
> 指定拉伸点或［基点（B）/复制（C）/放弃（U）/退出（X）］：（空格退出命令）

以圆的中心点为夹点，同时激活［复制（C）］选项，可以实现复制效果，如图3-40所示。

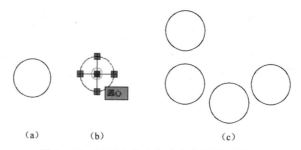

（a）　　　　（b）　　　　　　　（c）

图3-40　以圆中心点为夹点实现复制效果

（a）原图；（b）激活中心点夹点；（c）结果

按空格或回车可实现夹点编辑模式的循环切换，按 Ctrl 键可循环浏览可用选项。如图3-41所示，直线的端点夹点编辑共有拉伸、移动、旋转、缩放、镜像5种夹点方式，激活直线的端点夹点后，按空格或回车可在五种夹点编辑模式下循环切换，按 Ctrl 键可循环浏览可用选项。当夹点转换为热夹点后，用鼠标右键单击，出现快捷菜单，该菜单包含所有可用的夹点模式和其他选项。

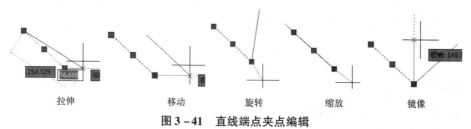

拉伸　　　　　　移动　　　　　旋转　　　　缩放　　　　　镜像

图3-41　直线端点夹点编辑

◇ 注意：锁定图层上的对象不显示夹点。

3.17　特性选项板

"特性"选项板是基本工具。对象的所有特性都可以通过"特性"来实现修改。

"特性"选项板的调用方法有：

- 下拉菜单："工具"→"选项板"→"特性"
- 命令行（快捷命令）：PROPERTIES（PR）/Ctrl + 1
- 工具栏："标准"→■
- 功能区："视图"→"选项板"→■

进入"特性"命令，会出现如图 3 – 42 所示的特性选项板。对象不同，出现的选项板是不同的。单击选项板中的内容使其处在可编辑状态，输入需要修改的内容，按回车完成修改，同时图形中的对象发生改变。

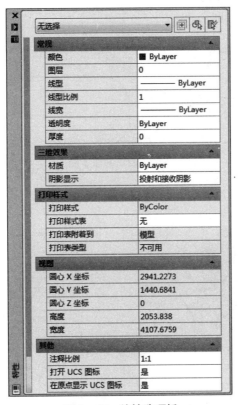

图 3 – 42　特性选项板

3.18 小 结

本章介绍了 AutoCAD 二维图形修改命令，包括常用命令的对照表、命令在两种界面的调用方法和命令执行过程。以实例的形式详细介绍了多种编辑命令，如复制、删除、移动、复制、旋转、缩放、偏移、镜像、阵列等的使用方法。AutoCAD 的功能强大不是因为绘图，而是因为其图形编辑功能，因而熟练地使用编辑命令，掌握编辑技巧可以大大提高绘图的质量和效率。这需要大家多熟悉图形，对图形进行解析，对命令的使用要达到一定的熟练程度。在后续绘制二维图形章节中，会介绍二维绘图的一些技巧，来强化这些命令的使用。

3.19 本 章 习 题

1. 绘制如图 3−43 所示图形。

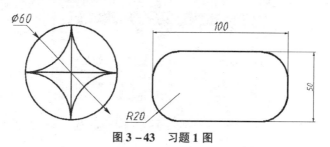

图 3−43 习题 1 图

2. 根据尺寸绘制如图 3−44～图 3−49 所示图形。

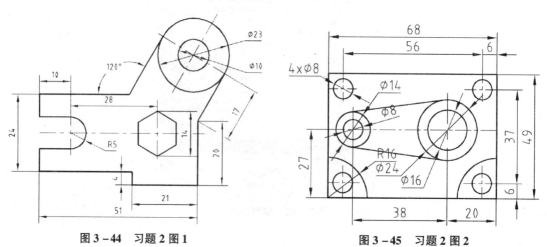

图 3−44 习题 2 图 1   图 3−45 习题 2 图 2

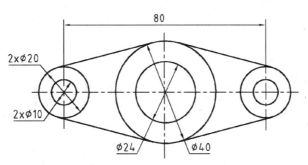

图 3 – 46　习题 2 图 3

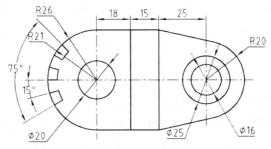

图 3 – 47　习题 2 图 4

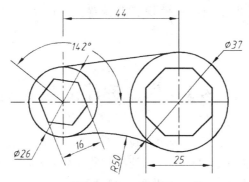

图 3 – 48　习题 2 图 5

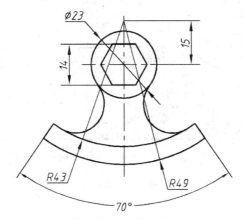

图 3 – 49　习题 2 图 6

第4章 尺 寸 标 注

本章导读

✓ 尺寸标注工具

✓ 尺寸标注工具汇总

✓ 尺寸标注命令详解

✓ 设置尺寸标注样式

在工程制图中用一组图形来表达机件的形状，机件的大小需要通过标注尺寸来确定。一个完整的尺寸由尺寸界线、尺寸线、尺寸箭头和尺寸数字4部分组成，在通常情况下，AutoCAD 将尺寸文本、尺寸界线、尺寸线及箭头作为一个对象，在进行编辑操作时，只要选择其中一项就可以进行整体编辑。如果要改变其中某一项时，必须用"分解"命令将其分解。本章介绍在工程制图中尺寸样式的设置，并以实例来介绍常用尺寸标注命令的使用方法。

4.1 尺寸标注工具

AutoCAD 提供了多种标注工具用来测量设计对象：线性标注、对齐标注、坐标标注、半径标注、直径标注、角度标注、基线标注、连续标注、公差标注、圆心标记等。AutoCAD 中对各种尺寸标注的定义如图4-1所示。串联的尺寸称为连续标注，并联的尺寸称为基线标注，倾斜的尺寸称为对齐标注。

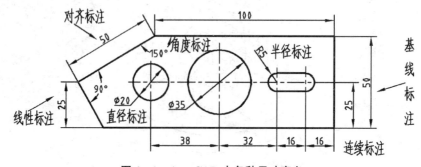

图4-1 AutoCAD 中各种尺寸定义

4.1.1 尺寸标注工具

尺寸标注工具位于"AutoCAD 经典"界面的"标注"工具栏（如图 4 – 2 所示），以及"标注"下拉菜单（如图 4 – 3 所示）和"草图与注释"界面"注释"选项卡的"标注"面板（如图 4 – 4 所示）。

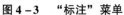

图 4 – 2 "标注"工具栏

图 4 – 3 "标注"菜单

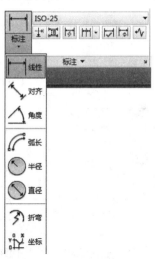

图 4 – 4 "标注"面板

4.1.2 尺寸标注工具汇总

常用的标注命令的图标、中英文命令全称、快捷键和具体的功能见表 4 – 1。

表 4 – 1 常用的标注命令图标、功能对照表

工具图标	中文名称	英文命令	快捷命令	功能
	线性标注	DIMLINEAR	DIML	创建线性标注
	对齐标注	DIMALIGNED	DIMA	创建对齐线性标注

工具图标	中文名称	英文命令	快捷命令	功能
	弧长标注	DIMARC	DIMARC	创建弧长标注
	坐标标注	DIMORDINATE	DIMORD	创建坐标点标注
	半径标注	DIMRADIUS	DIMRAD	创建圆和圆弧的半径标注
	直径标注	DIMDIAMETER	DIMDIA	创建圆和圆弧的直径标注
	角度标注	DIMANGULAR	DIMANG	创建角度标注
	快速标注	QDIM	QDIM	快速创建或编辑一系列标注
	基线标注	DIMBASELINE	DIMB	从上一个标注或选定标注的基线处创建线性标注、角度标注或坐标标注
	连续标注	DIMCONTINUE	DIMC	从上一个标注或选定标注的第二条尺寸界线处创建线性标注、角度标注等
	公差	TOLERANCE	TOL	使用特征控制框添加形位公差
	圆心标注	DIMCENTER	DIMCENTER	创建圆和圆弧的圆心标注或中心线
	编辑标注	DIMEDIT	DIMED	修改已标注尺寸的文字内容、位置、转角和尺寸界线倾斜角度
	编辑标注文字	DIMTEDIT	DIMTED	移动和旋转标注文字
	标注更新	DIMSTYLE	DIMSTY	按当前设置更新已有的标注样式
	标注样式	DIMSTYLE	DIMSTY	创建新样式、设置当前样式、修改样式、当前样式的替代及比较样式

4.2 线性（DIML）

线性标注一般用于标定两点之间的水平、竖直或倾斜的距离。选择对象时，一般选择两点，也可以选择需要标定的对象，如直线、圆弧或圆等。

"线性"命令调用方法有：

- 下拉菜单："标注"→"线性"

- 命令行（快捷命令）：DIMLINEAR（DIML）
- 工具栏："标注" → ⊢⊣
- 功能区："注释" → "标注" → ⊢⊣

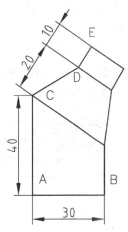

[**例 4 – 1**]　利用"线性"标注如图 4 – 5 所示图形的四个尺寸。

图形分析：

图中直线 *AB*、*AC* 是水平和竖直的尺寸，可用"线性"命令捕捉两端点或直线对象直接标注；直线 *CD* 和 *DE* 是倾斜的尺寸，需要激活 [旋转（R）] 选项。

操作过程：

标注水平尺寸 30：

进入"线性"命令，命令行提示如下：

图 4 – 5　尺寸标注示例

> 命令：DIMLINEAR
> 指定第一个尺寸界线原点或 ＜选择对象＞:（捕捉 A 点）
> 指定第二条尺寸界线原点:（捕捉 B 点）
> 指定尺寸线位置或 [多行文字（M）/文字（T）/角度（A）/水平（H）/垂直（V）/旋转（R）]:（向下移动光标，单击一点确定尺寸数字的位置，完成标注）
> 标注文字 = 30

标注竖直尺寸 40：

进入"线性"命令后，鼠标单击 *A* 点、*C* 点，再向左单击确定尺寸数字 40 的位置，完成标注。

标注倾斜尺寸 20：

进入"线性"命令，鼠标单击 *C* 点、*D* 点后，命令行提示如下：

> 指定尺寸线位置或 [多行文字（M）/文字（T）/角度（A）/水平（H）/垂直（V）/旋转（R）]:R 空格（输入 R 空格，激活旋转模式）
> 指定尺寸线的角度 ＜0＞:（捕捉 C 点）
> 指定第二点:（捕捉如图 4 – 6 所示垂足，尺寸线与两点确定的直线平行）
> 指定尺寸线位置或 [多行文字（M）/文字（T）/角度（A）/水平（H）/垂直（V）/旋转（R）]:（在尺寸数字 20 附近单击鼠标左键，完成）
> 标注文字 = 20

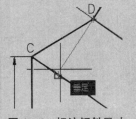

图 4 – 6　标注倾斜尺寸

标注倾斜尺寸 10：

进入"线性"命令，捕捉 *D*、*E* 两点后、根据提示输入 R 空格激活旋转选项后，捕捉 *D*、*E* 两点，即使尺寸线的方向与直线 *DE* 平行，再在尺寸数字 10 附近单击一点，完成标注。

在命令行提示"指定第一个尺寸界线原点或 ＜选择对象＞:"后，直接按空格或回车键，可以激活"选择对象"选项，即此时光标变为拾取框，可直接为拾取的对象如直线、圆弧和圆进行线性标注，直线和圆弧标注的是两端点的水平、竖直或斜线尺寸，圆标注的是圆的直径。

［多行文字（M)］和［文字（T)］选项可以修改尺寸数字。［多行文字（M)］是利用多行文字编辑文字，根据提示输入 M 空格后，出现如图 4 - 7 所示"文字格式"编辑器，可修改文字内容和格式。［文字（T)］是用单行文字编辑尺寸标注的文字。

图 4 - 7　"文字格式"编辑器

［角度（A)］选项是可修改尺寸数字的角度。图 4 - 8 所示是角度 30°的样式，即此时文字与水平线成 30°。

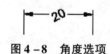

图 4 - 8　角度选项

4.3　对齐（DIMA)

"对齐"命令用来创建与指定位置或对象平行的标注。在对齐标注中，尺寸线平行与尺寸界线原点连成的直线。经常用来标注斜线或斜面的尺寸标注。

"对齐"命令调用方法有：

- 下拉菜单："标注"→"对齐"
- 命令行（快捷命令）：DIMALIGNED（DIMA)
- 工具栏："标注"→ ↖
- 功能区："注释"→"标注"→ ↖

［例 4 - 2］　利用"对齐"命令标注如图 4 - 9 所示尺寸。

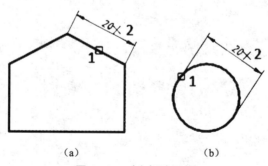

(a)　　　　　　　　　　(b)

图 4 - 9　对齐标注示例

图形分析：

"对齐"用来标注斜线比较方便，可以捕捉两点或对象进行对齐标注。本例用选择对象的方法进行对齐标注。图 4 - 9 中 1 处为选择对象的位置，2 处为尺寸数字所在的位置。对于圆来说，拾取对象的位置决定了对齐标注尺寸的倾斜方向。

操作过程：

进入"对齐"命令，命令行提示如下：

> 命令：_DIMALIGNED
> 指定第一个尺寸界线原点或 <选择对象>：(空格激活选择对象)
> 选择标注对象：(在图4 - 9 (a)、(b) 中1位置拾取对象，图4 - 9 (a) 为直线，图4 - 9 (b) 为圆)
> 指定尺寸线位置或 [多行文字 (M)/文字 (T)/角度 (A)]：(在两图2处单击鼠标左键，完成标注)
> 标注文字 = 20

◇ 注意：[多行文字 (M)/ 文字 (T)/ 角度 (A)] 选项同"线性"标注使用方法相同。

4.4　圆和圆弧的标注

在工程制图中，半圆和小于半圆的圆弧一般标注半径，整圆和大于半圆的圆弧标注直径。当圆弧的半径很大，圆心在纸面以外时，可以采用折弯标注。本节介绍有关圆和圆弧的"半径""直径"和"折弯"。

4.4.1　半径

"半径"用于测量圆弧或圆的半径，并显示前面带有字母 R 的标注文字。

"半径"命令调用方法有：

- 下拉菜单："标注" → "半径"
- 命令行（快捷命令）：DIMRADIUS（DIMRAD）
- 工具栏："标注" → ⌀
- 功能区："注释" → "标注" → ⌀

[例4 - 3]　标注如图4 - 10所示的圆弧尺寸。

图形分析：

进入"半径"命令后，选择对象，再选择文字放置位置，即可标注。

操作过程：

进入"半径"命令，命令行提示如下：

图4 - 10　半径标注示例

> 命令：_DIMRADIUS
> 选择圆弧或圆：(用拾取框拾取需要标注的圆弧)
> 标注文字 = 20
> 指定尺寸线位置或 [多行文字 (M)/文字 (T)/角度 (A)]：(鼠标拾取尺寸数字所在的位置)

4.4.2 直径

"直径"用于测量圆弧或圆的直径，并显示前面带直径符号 φ 的标注文字。

"直径"命令调用方法有：

- 下拉菜单："标注" → "直径"
- 命令行（快捷命令）：DIMDIAMETER（DIMDIA）
- 工具栏："标注" →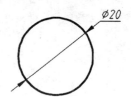
- 功能区："注释" → "标注" → ⬦

[例 4-4] 标注如图 4-11 所示的圆的尺寸。

图形分析：

进入"直径"命令后，选择圆弧，再选择文字放置位置，即可标注。

操作过程：

进入"直径"命令，命令行提示如下：

图 4-11 直径标注示例

```
命令：_DIMDIAMETER
选择圆弧或圆：(用拾取框拾取需要标注的圆弧)
标注文字 = 20
指定尺寸线位置或 [多行文字 (M)/文字 (T)/角度 (A)]：(鼠标拾取尺寸数字所
在的位置)
```

4.4.3 折弯

当圆弧的半径很大，圆心在纸面之外时，可以采用"折弯"方式。折弯半径标注，也称为"缩放的半径标注"。可以将圆的圆心定在图纸合适的位置，这称为中心位置替代。

"折弯"命令调用方法有：

- 下拉菜单："标注" → "折弯"
- 命令行：DIMJOGGED
- 工具栏："标注" → ⟋
- 功能区："注释" → "标注" → ⟋

[例 4-5] 利用"折弯"标注如图 4-12 所示的圆弧的尺寸。

图形分析：

选择对象后，要拾取一点替代圆心位置，指定尺寸线位置和折弯位置。

操作过程：

进入"折弯"命令，命令行提示如下：

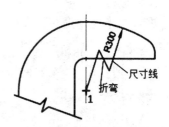

图 4-12 折弯标注示例

命令：_DIMJOGGED
选择圆弧或圆：（用拾取框拾取需要折弯的圆、圆弧）
指定图示中心位置：（鼠标拾取一点替代圆弧的圆心，图中为 1 点）
标注文字 = 300
指定尺寸线位置或 [多行文字（M）/文字（T）/角度（A）]：（捕捉尺寸线的位置）
指定折弯位置：（捕捉折弯位置，完成图形）

单击菜单"格式"→"标注样式"，在"标注样式"对话框"符号和箭头"选项卡的"半径标注折弯"标签中，用户可以设置折弯的角度、折弯半径标注，可以利用夹点编辑和拉伸命令对标注进行修改。

◇ 注意：在 AutoCAD 2006 及以前的版本中的折弯标注，不能编辑，只能查看。

4.5 弧 长

"弧长"用于测量圆弧或多段线圆弧段上的距离。弧长标注中有弧长符号，弧长符号可以设置显示在标注文字的上方或前方或不显示。弧长符号的放置位置可以在标注样式中指定。

"弧长"命令调用方法有：

- 下拉菜单："标注"→"弧长"
- 命令行：DIMARC
- 工具栏："标注"→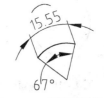
- 功能区："注释"→"标注"→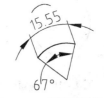

[例 4 - 6]　利用"弧长"标注如图 4 - 13 所示圆弧的弧长尺寸。

图形分析：

图中有两个尺寸：一个是角度尺寸，一个是弧长尺寸，注意区分。

操作过程：

进入"弧长"命令，命令行提示如下：

图 4 - 13　弧长标注示例

命令：_DIMARC
选择弧线段或多段线圆弧段：（选择需要标注弧长的圆弧，只能选择一个对象）
指定弧长标注位置或 [多行文字（M）/文字（T）/角度（A）/部分（P）/]：（拾取尺寸线的位置）
标注文字 =15.55

弧长的尺寸界线有正交和半径两种形式，取决于圆弧包含角的大小。当圆弧的包含角度大于或等于 90°时，显示如图 4 - 14（a）所示半径尺寸界线；当圆弧的包含角度小于 90°时，显示如图 4 - 14（b）所示的正交尺寸界线。

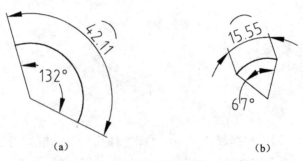

图 4 – 14 弧长标注的尺寸界线形式

(a) 半径尺寸界线；(b) 正交尺寸界线

◇ 注意：弧长符号显示位置在"标注样式"对话框"符号和箭头"选项卡"弧长符号"标签下进行修改。

4.6 标注圆心标记

"圆心标记"是用短十字线的圆心标记符号或中心线来标记圆或圆弧的圆心。

"圆心标记"命令调用方法有：

- 下拉菜单："标注"→"圆心标记"
- 命令行：DIMCENTER
- 工具栏："标注"→ (+)
- 功能区："注释"→"标注"→ (+)

[例 4 – 7] 利用"圆心标记"标注如图 4 – 15 和图 4 – 16 所示的圆及圆弧的圆心。

图 4 – 15 用短十字线的圆心标记

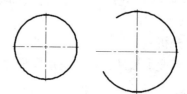

图 4 – 16 直线式圆心标记

图形分析：

两图标记符号不同，图 4 – 15 所示的为默认的圆心标记符号，图 4 – 16 所示的为直线式的圆心标记。设置好标记符号样式后，单击对象，即可完成标记。两图作图方法一样。圆心标记符号的样式是由当前标注样式来控制的。在当前标注样式的"符号和箭头"选项卡"圆心标记"标签下可以选择"标记"或"直线"选项，如图 4 – 17 所示。文本框中的数值控制圆心标记符号大小和中心线超出轮廓线的距离。标注样式的创建详见第 6 章。

图 4－17　当前标注样式的"符号和箭头"选项卡

操作过程：

按图 4－17 设置好圆心标记为"标记"或"直线"后，进入"圆心标记"命令，命令行提示如下：

> 命令：_DIMCENTER
> 选择圆弧或圆：(选择需要标记的圆或圆弧，绘制完成，同时退出命令)

4.7　角　度　标　注

"角度"用来标注由两条直线、三个点构成的角度，或圆弧和圆的角度。

"角度"命令调用方法有：

- 下拉菜单："标注" → "角度"
- 命令行（快捷命令）：DLMANGULAR（DIMANG）
- 工具栏："标注" → △
- 功能区："注释" → "标注" → △

[**例 4－8**]　利用"角度"标注如图 4－18 所示的四个图形的角度尺寸。

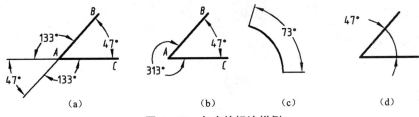

图 4－18　角度的标注样例

图形分析：

图 4 – 18（a）标注对象为两直线；图 4 – 18（b）标注对象为三点，需注意图 4 – 18（a）和图 4 – 18（b）的区别；图 4 – 18（c）的标注对象为圆弧；图 4 – 18（d）中数字和尺寸线不在同一象限，需激活［象限点（Q）］选项。

操作过程：

进入"角度"命令，命令行提示如下：

图 4 – 18（a）：

命令：_DIMANGULAR

选择圆弧、圆、直线或 ＜指定顶点＞：（光标拾取直线 *AB*）

选择第二条直线：（光标拾取直线 *AC*）

指定标注弧线位置或［多行文字（M）/文字（T）/角度（A）/象限点（Q）］：（鼠标在不同象限时，单击可以得到如图 4 – 18（a）所示的四个角度尺寸）

图 4 – 18（b）：

命令：_DIMANGULAR

选择圆弧、圆、直线或 ＜指定顶点＞：（空格激活指定顶点选项）

指定角的顶点：（鼠标拾取 *A* 点）

指定角的第一个端点：（拾取 *B* 点）

指定角的第二个端点：（拾取 *C* 点）

指定标注弧线位置或［多行文字（M）/文字（T）/角度（A）/象限点（Q）］：（鼠标在不同象限时，单击可以得到如图 4 – 18（b）所示的两个角度尺寸）

标注文字 = 313

图 4 – 18（c）：

命令：_DIMANGULAR

选择圆弧、圆、直线或 ＜指定顶点＞：（选择圆弧）

指定标注弧线位置或［多行文字（M）/文字（T）/角度（A）/象限点（Q）］：（指定尺寸数字位置）

标注文字 = 73

图 4 – 18（d）：

命令：_DIMANGULAR

选择圆弧、圆、直线或 ＜指定顶点＞：（选择一条直线）

选择第二条直线：（选择另一条直线）

指定标注弧线位置或［多行文字（M）/文字（T）/角度（A）/象限点（Q）］：Q（输入 Q 空格，激活象限点选项，再在数字所在象限单击一点）

标注文字 = 47

4.8 坐 标 标 注

"坐标"命令用于创建点的坐标标注。

"坐标"命令调用方法有：

- 下拉菜单："标注" → "坐标"
- 命令行（快捷命令）：DIMORDINATE（DIMORD）
- 工具栏："标注" →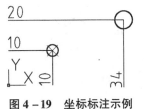
- 功能区："注释" → "标注" →

[例4-9] 用"坐标"标注如图4-19所示两个圆的圆心坐标。

图4-19 坐标标注示例

图形分析：

"坐标"可以根据光标位置自动判断是 X 坐标还是 Y 坐标。

操作过程：

进入"坐标"命令，命令行提示如下：

命令：DIMORDINATE
指定点坐标：（拾取圆的中心）
创建了无关联的标注。
指定引线端点或 [X基准（X）/Y基准（Y）/多行文字（M）/文字（T）/角度（A）]：（拾取坐标位置，根据位置自动判断标注的是 X 坐标还是 Y 坐标）
标注文字 = 20

4.9 引 线 标 注

引线标注是指用引线来标注对象。在引线末端可以添加多行旁注、说明或是带属性的图形块，指引的线可以是直线，也可以是样条线。引线端部可以设置是否有箭头及箭头的样式。引线工具位于"AutoCAD 经典"界面"引线"工具栏如图4-20所示，或"草图与注释"界面的"注释"选项卡"引线"面板，如图4-21所示。

图4-20 "引线"工具栏

图4-21 "引线"面板

4.9.1 多重引线样式

默认的多重引线样式很难满足工程的所有领域，因而需要在不同的条件下设置不同的多重引线样式。比如装配图需要如图 4 - 22 所示的引线样式，而标注几何公差则需要如图 4 - 23 所示的引线样式。

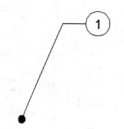

图 4 - 22　装配图引线样式　　　　　　图 4 - 23　几何公差引线样式

"多重引线样式"命令调用方法有：

- 下拉菜单："格式"→"多重引线样式"
- 命令行：MLEADERSTYLE
- 工具栏："多重引线"→ 🖉
- 功能区："注释"→"引线"→ ↘

[例 4 - 10]　创建如图 4 - 22 所示装配图引线样式。

图形分析：

需要调用"多重引线样式管理器"对话框进行设置。

操作过程：

进入"多重引线样式"命令后，出现如图 4 - 24 所示的"多重引线样式管理器"对话框，单击"新建"按钮，出现"创建新多重引线样式"对话框，如图 4 - 25 所示，重命名为"装配图引线"，单击"确定"按钮后，出现"修改多重引线样式"对话框。

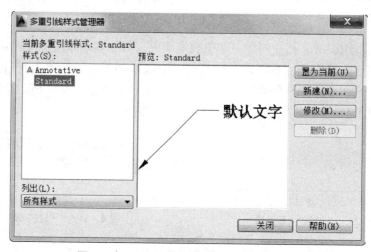

图 4 - 24　"多重引线样式管理器"对话框

图 4 – 25　"新建多重引线样式"对话框

"修改多重引线样式"对话框共有"引线格式""引线结构""内容"三个选项卡，如图 4 –26 ~ 图 4 – 28 所示。

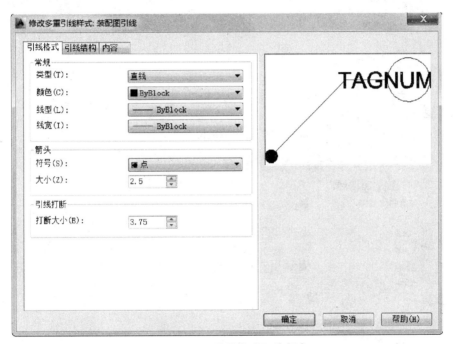

图 4 – 26　"引线格式"选项卡

在"引线格式"选项卡中，在"箭头"符号下拉列表中选择"点"，如图 4 – 26 所示，箭头大小根据字体大小定。

在"引线结构"选项卡中，设置"基线距离"为 8，如图 4 – 27 所示。

在"内容"选项卡中，多重引线类型选择"块"，源块选择"圆"，如图 4 – 28 所示。

设置完成后，单击"确定"按钮完成装配图引线样式设置。

创建图 4 – 23 所示的几何公差引线样式的参数设置：在"引线格式"选项卡"箭头"符号下拉列表中选择"实心闭合"，在"内容"选项卡"多重引线类型"中选择"无"。

◇ 注意：一个图形文件中可以创建多种多重引线样式。要绘制想要的多重引线，首先要创建相应的多重引线样式，并将其置为当前多重引线样式。

图 4 - 27 "引线结构"选项卡

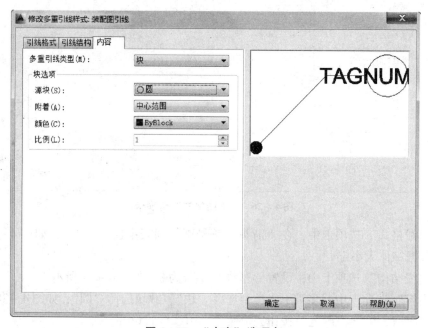

图 4 - 28 "内容"选项卡

4.9.2 多重引线

　　多重引线样式设置完成后，就可以用"多重引线"命令绘制多重引线了。多重引线绘制的是当前多重引线样式的多重引线。进入"多重引线"命令后，确定箭头位置和基线位置，即可绘制多重引线。

"多重引线"命令调用方法有：

- 下拉菜单："标注" → "多重引线"
- 命令行：MLEADER
- 工具栏："标注" → ✐
- 功能区："注释" → ✐

进入"多重引线"命令，命令行提示如下：

> 命令：_MLEADER
> 指定引线箭头的位置或［引线基线优先（L）/内容优先（C）/选项（O）］＜选项＞：
> （指定箭头的位置）
> 指定引线基线的位置：（指定基线的位置）

4.9.3　添加引线

"添加引线"将引线添加至现有的多重引线对象。根据光标的位置，新引线将添加到选定多重引线的左侧或右侧。

"添加引线"命令调用方法有：

- 命令行：MLEADEREDIT
- 工具栏："多重引线" → ✐
- 功能区："注释" → "引线" → ✐

［例4－11］　利用"添加引线"在左侧添加如图4－29所示的引线。

图形分析：
添加的引线在原引线左侧。

操作过程：
进入命令后，命令提示行如下：

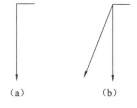

图4－29　添加引线示例
（a）添加引线前；（b）添加引线后

> 命令：
> 选择多重引线：（选择要添加引线的多重引线）
> 找到1个
> 指定引线箭头位置或［删除引线（R）］：（将第二条引线箭头位置指定在图示位置）
> 指定引线箭头位置或［删除引线（R）］：（可以继续添加，空格退出命令）

4.9.4　删除引线

将引线从现有的多重引线对象中删除。
"删除引线"命令调用方法有：

- 命令行：MLEADEREDIT

- 工具栏："多重引线"→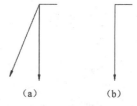
- 功能区："注释"→"引线"→

[**例 4 - 12**]　利用"删除引线"删除如图 4 - 30（a）所示的左侧的引线。

图形分析：

先选择要删除的一组引线，再选择要删除的部分。

操作过程：

进入"删除引线"命令后，命令行提示如下：

图 4 - 30　删除引线示例

（a）删除引线前；（b）删除引线后

命令：
选择多重引线：（选择要删除的一组引线）
找到 1 个
指定要删除的引线或 [添加引线（A）]：（选择要删除的左侧的多重引线）
指定要删除的引线或 [添加引线（A）]：（空格完成删除）

4.9.5　多重引线对齐

"多重引线对齐"是将选定多重引线对象对齐并按一定间距排列，选择多重引线后，指定所有其他多重引线要与之对齐的多重引线。

"多重引线对齐"命令调用方法有：

- 命令行：MLEADERALIGN
- 工具栏："多重引线"→
- 功能区："注释"→"引线"→

[**例 4 - 13**]　将图 4 - 31（a）所示多重引线对齐成 4 - 31（b）所示的形式。

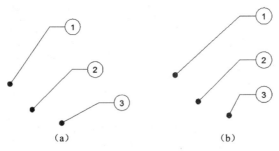

（a）　　　　　　　　　　　（b）

图 4 - 31　多重引线对齐示例

（a）多重引线对齐前；（b）多重引线对齐后

图形分析：

选择三个多重引线后，再选择指引线②作为要对齐到的多重引线，对齐的方向为竖直方向。

操作过程：

进入"多重引线对齐"命令后，命令行提示如下：

命令：_MLEADERALIGN
选择多重引线：指定对角点：找到 3 个（选择 3 个要对齐的多重引线）
选择多重引线：（空格结束选择）
当前模式：使用当前间距
选择要对齐到的多重引线或 [选项（O）]：（选择多重引线 2 为要对齐到的多重引线）
指定方向：（在屏幕上指定数值方向，完成对齐）

4.9.6　多重引线合并

"多重引线合并"将包含块的选定多重引线组织到行或列中，并使用单引线显示结果。

"多重引线合并"命令调用方法有：

- 命令行：MLEADERCOLLECT
- 工具栏："多重引线" →
- 功能区："注释" → "引线" →

[例 4 – 14]　将图 4 – 32（a）所示的引线合并成图 4 – 32（b）所示的形式。

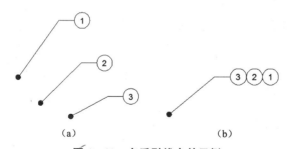

（a）　　　　　　　　　（b）

图 4 – 32　多重引线合并示例
（a）多重引线合并前；（b）多重引线合并后

图形分析：

选择三个多重引线后，再指定收集多重引线的位置，即可完成合并。默认是合并成水平的形式。

操作过程：

进入"多重引线合并"命令后，命令行提示如下：

命令：_MLEADERCOLLECT
选择多重引线：指定对角点：找到 3 个（选择 3 个要合并的多重引线）
选择多重引线：（空格结束选择）
指定收集的多重引线位置或 [垂直（V）/水平（H）/缠绕（W）] <水平>：（屏幕上指定收集的多重引线位置）

[垂直（V）] 选项可将多重引线转换成竖直排列的形式。

4.10　标注几何公差

　　零件的几何特性是零件的实际要素对其几何理想要素的偏离情况，它是决定零件功能的因素之一，几何误差包括形状、方向、位置和跳动误差。为了保证机器的质量，要限制零件对几何误差的最大变动量，称为几何公差。

　　AutoCAD 中通过特征控制框来创建几何公差框格，几何公差的指引线可以用"多重引线"来创建。

　　"公差标注"命令调用方法有：

- 下拉菜单："标注"→"公差"
- 命令行（快捷命令）：TOLERANCE（TOL）
- 工具栏："标注"→
- 功能区："注释"→"标注"→

几何公差以几何公差框格进行标注时，几何公差框格组成如图 4-33 所示。

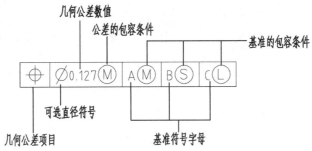

图 4-33　几何公差框格组成

　　进入"公差"命令，会出现如图 4-34 所示的"形位公差"对话框。对话框中各项与几何公差框格相对应，"符号"一列是几何特征符号，单击符号下的黑框，会出现如图 4-35 所示的"特征符号"对话框，单击需要的特征符号即可。在"公差 1""公差 2"中输入公差数值，单击前面黑框，出现直径符号"φ"，后面黑框是公差的包容条件。最多三个基准，基准后面三个黑框是基准的包容条件。用户根据需要选填图中空白，单击"确定"按钮会以框格形式注出几何公差。按照如图 4-34 所示的对话框进行设置，会生成如图 4-33 所示的几何公差框格。框格生成后，再在屏幕上捕捉一点，确定公差框格的放置位置。公差框格的引线可用"多重引线"绘制。

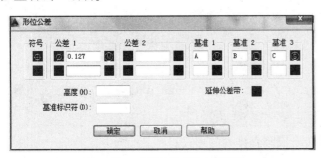

图 4-34　"形位公差"对话框

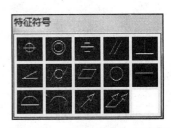

图 4-35　"特征符号"对话框

◇ 注意：几何公差框格可以使用大多数编辑命令和夹点进行编辑，使用对象捕捉也可以用对齐进行捕捉。

4.11　快　速　标　注

"快速标注"命令可以同时选择多个对象进行标注，也可以实现基线标注和连续标注。"快速标注"适用于从选定对象快速创建一系列标注，创建系列基线、连续标注或并列标注。

"快速标注"命令调用方法有：

- 下拉菜单："标注"→"快速标注"
- 命令行：QDIM
- 工具栏："标注"→[图标]
- 功能区："注释"→"标注"→[图标]

4.11.1　"快速标注"实现系列标注

[例 4 - 15]　利用"快速标注"标注如图 4 - 36 所示圆弧和圆。

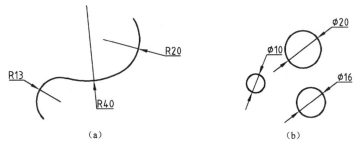

图 4 - 36　"快速标注"圆弧和圆

（a）快速标注圆弧；（b）快速标注圆

图形分析：

如图 4 - 36 所示的两个图形上的标注，可由"快速标注"一次标注完成，不需要调用"直径"和"半径"标注，大大提高了标注的效率。标注的尺寸线和尺寸数字位置如果不美观，可以用夹点进行编辑。

操作过程：

进入"快速标注"，命令行提示如下：

图 4 - 36（a）：

```
命令：_QDIM
关联标注优先级 = 端点
选择要标注的几何图形：指定对角点：找到 3 个（选择 3 个圆弧）
选择要标注的几何图形：（空格结束选择）
```

指定尺寸线位置或［连续（C）/并列（S）/基线（B）/坐标（O）/半径（R）/直径（D）/基准点（P）/编辑（E）/设置（T）］＜连续＞：R（R 回车激活标注半径选项，完成标注）

图 4－36（b）：

命令：_QDIM

关联标注优先级 ＝ 端点

选择要标注的几何图形：指定对角点：找到 3 个（选择 3 个圆）

选择要标注的几何图形：（空格结束选择）

指定尺寸线位置或［连续（C）/并列（S）/基线（B）/坐标（O）/半径（R）/直径（D）/基准点（P）/编辑（E）/设置（T）］＜连续＞：D（D 空格激活标注直径选项）

指定尺寸线位置或［连续（C）/并列（S）/基线（B）/坐标（O）/半径（R）/直径（D）/基准点（P）/编辑（E）/设置（T）］＜直径＞：（在屏幕上指定一点，表明直径标注的方向，完成标注）

4.11.2 "快速标注"实现连续标注、基线标注和并列标注等

利用"快速标注"也可以快速实现连续标注、基线标注和并列标注等。

［例 4－16］ 用"快速标注"实现如图 4－37 所示的连续标注、并列标注和基线标注。

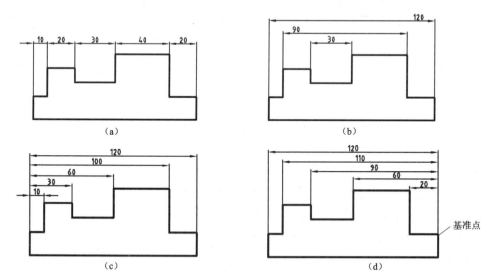

图 4－37 用快速标注实现图形的连续标注、并列标注和基线标注

（a）连续标注；（b）并列标注；（c）基线标注；（d）基线标注并改变基准点

图形分析：

本例中要采用"快速标注"实现不同的标注效果，选择对象均为所有对象，尺寸的放置的位置都为图形的上方。采用"连续（C）""并列（S）""基线（B）""基准点（P）"选项可实现图 4－37 所示的四种效果，默认的为连续标注效果。

操作过程：

进入"快速标注"，命令行提示如下：

> 命令：_QDIM
>
> 关联标注优先级 = 端点
>
> 选择要标注的几何图形：指定对角点：找到 12 个（用窗口或窗交选中所有图形）
>
> 选择要标注的几何图形：（空格结束选择）
>
> 指定尺寸线位置或 [连续（C）/并列（S）/基线（B）/坐标（O）/半径（R）/直径（D）/基准点（P）/编辑（E）/设置（T）] <连续>：（图 4-37（a）：空格激活连续选项，光标向上移动，单击完成标注；图 4-37（b）：S 空格激活并列选项，光标向上移动，单击完成标注；图 4-37（c）：B 空格激活基线选项，光标向上移动，单击完成标注，图 4-37（d）：B 空格激活基线选项）
>
> 指定尺寸线位置或 [连续（C）/并列（S）/基线（B）/坐标（O）/半径（R）/直径（D）/基准点（P）/编辑（E）/设置（T）] <连续>：（图 4-37（a）、（b）、（c）：图形已完成，图 4-37（d）：P 空格激活基准点选项）
>
> 选择新的基准点：（选择如图 4-37（d）所示的基准点）
>
> 指定尺寸线位置或 [连续（C）/并列（S）/基线（B）/坐标（O）/半径（R）/直径（D）/基准点（P）/编辑（E）/设置（T）] <连续>：（光标向上移动，单击完成图 4-37（d）标注）

4.12 连续和基线

连续标注是指首尾相连的尺寸标注。各尺寸线排列成一条直线，可以看成是串联尺寸。基线标注是从相同位置测量的多个标注，可以看成是并联尺寸。角度尺寸和线性尺寸都有连续标注和基线标注，如图 4-38 所示。

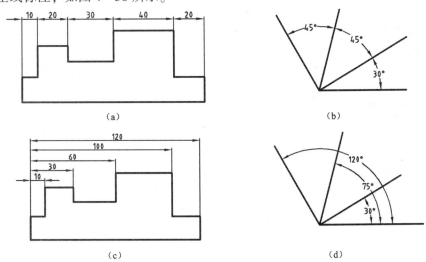

图 4-38 连续标注和基线标注示例

（a）线性尺寸的连续标注；（b）角度的连续标注；（c）线性尺寸的基线标注；（d）角度的基线标注

在创建基线或连续标注之前，必须首先创建一个线性或角度标注。默认情况下，基线标注和连续标注从当前任务中最新创建的标注开始创建。

4. 12. 1　连续

"连续"用来标注首尾相接的串联尺寸，可以是线性尺寸，也可以是角度尺寸。

"连续"命令调用方法有：

- 下拉菜单："标注"→"连续"
- 命令行（快捷命令）：DIMCONTINUE（DIMCONT）
- 工具栏："标注"→
- 功能区："注释"→"标注"→

[例 4 – 16]　　用"连续"命令标注图 4 – 38（a）所示的图形。

图形分析：

"连续""基线"标注首先要用"线性"标注第一个尺寸，如图 4 – 39 所示，然后再采用"连续""基线"等命令标注剩余尺寸。"连续"默认从线性尺寸开始创建，如果起点不符合要求，可在进入"连续"命令后，在命令行输入 S 激活［选择（S）］选项，再用光标拾取"连续"的起始端。

操作过程：

绘制好如图 4 – 39 所示的线性尺寸后，进入"连续"命令，命令行提示如下：

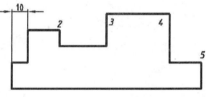

图 4 – 39　绘制第一个线性尺寸

命令：_DIMCONTINUE
选择连续标注：（选择已经标注好的线性尺寸）
指定第二条尺寸界线原点或［放弃（U）/选择（S）］<选择>：（拾取图 4 – 39 中 2 点）
标注文字 = 20
指定第二条尺寸界线原点或［放弃（U）/选择（S）］<选择>：（拾取图 4 – 39 中 3 点）
标注文字 = 30
指定第二条尺寸界线原点或［放弃（U）/选择（S）］<选择>：（拾取图 4 – 39 中 4 点）
标注文字 = 30
指定第二条尺寸界线原点或［放弃（U）/选择（S）］<选择>：（拾取图 4 – 39 中 5 点）
指定第二条尺寸界线原点或［放弃（U）/选择（S）］<选择>：（空格完成标注）

角度标注的连续标注作图方法相似，也是先标注一个角度尺寸，再创建首尾相接的连续尺寸标注。

4. 12. 2　基线

"基线"用来标注并联尺寸，并联尺寸间距为"基线间距"，基线间距通过在"格式"→"标注样式",当前样式中的"线"选项卡进行修改。

"基线"命令调用方法有:

- 下拉菜单:"标注"→"基线"
- 命令行:DIMBASELINE
- 工具栏:"标注"→⊟
- 功能区:"注释"→"标注"→⊟

[例4-17] 用"基线"命令标注图4-38(c)所示的图形。

图形分析:

"基线"也要先用"线性"标注如图4-39所示的第一个尺寸。

操作过程:

绘制好如图4-39所示的线性尺寸后,进入"基线"命令,命令行提示如下:

```
命令:_DIMBASELINE
选择基准标注:(选择已经标注好的线性尺寸)
指定第二条尺寸界线原点或 [放弃(U)/选择(S)] <选择>:(拾取2点)
标注文字 = 30
指定第二条尺寸界线原点或 [放弃(U)/选择(S)] <选择>:(拾取3点)
标注文字 = 60
指定第二条尺寸界线原点或 [放弃(U)/选择(S)] <选择>:(拾取4点)
标注文字 = 100
指定第二条尺寸界线原点或 [放弃(U)/选择(S)] <选择>:(拾取5点)
标注文字 = 120
指定第二条尺寸界线原点或 [放弃(U)/选择(S)] <选择>:(空格完成)
```

角度标注和基线标注作图方法相似,也是先标注一个角度尺寸,再创建由内而外的基线尺寸标注。

◇ 注意:选择线性标注或角度标注后,可将光标悬停在尺寸线的端点夹点上,以访问夹点菜单中的"基线"和"连续"。

4.13 编 辑 标 注

"编辑标注"用于编辑标注文字和尺寸界线。可以旋转、修改或恢复标注文字,更改尺寸界线的倾斜角,移动文字和尺寸线。

"编辑标注"命令调用方法有:

- 下拉菜单:"标注"→"编辑标注"
- 命令行:DIMEDIT

执行"编辑标注"命令后,命令行提示如下:

输入标注编辑类型 [默认(H)/新建(N)/旋转(R)/倾斜(O)] <默认>:

选项说明：

"默认（H）"选项：将选定的标注文字移回到由标注样式指定的默认位置和旋转角。输入 H 激活"默认（H）"选项后，到屏幕上捕捉需要修改的尺寸，空格或回车完成修改并退出命令。如图 4 - 40 所示，将尺寸"20"采用默认选项后，文字成默认的形式。"默认（H）"可以同时选多个对象。

图 4 - 40　"编辑标注"默认选项

(a) 使用"默认"前；(b) 使用"默认"后

"新建（N）"选项：使用"文字格式"编辑器更改标注文字。激活新建选项，屏幕会出现如图 4 - 41 所示的"文字格式"编辑器，图中的"0"区域代表的是原数值（即测量值），如果不要保留原数值，可将其删除。如果要在原数值的前或后增加内容，按键盘的向左、向右箭头键在原数值的前面或后面添加文本，输入完毕后单击"确定"按钮，到屏幕上拾取需要修改的尺寸，空格或回车完成修改，并退出命令。可以同时选择多个对象。图 4 - 42（b）所示的尺寸是在原数值前加"%%C"，单击"确定"按钮后再选择图 4 - 42 (a) 所示的尺寸，按空格或回车得到。

图 4 - 41　"编辑标注"新建选项出现的文字格式编辑器

图 4 - 42　新建选项使用

(a) 原尺寸；(b) 使用"新建"选项；(c) 使用"旋转"30°选项；(d) 使用"倾斜"60°后

"旋转（R）"选项用来旋转标注文字，与"编辑标注文字"命令的"角度"选项类似。

0°是文字放置的缺省方向。缺省方向由"新建标注样式"对话框、"修改标注样式"对话框和"替代当前样式"对话框中的"文字"选项卡上的垂直和水平文字进行设置。图 4 - 41 中的数字是"旋转（R）"选项激活后，角度设置为 30°后执行的结果，默认逆时针为正。

"倾斜（R）"选项：当尺寸界线与图形的其他要素冲突时，可以采"倾斜（R）"选项修改尺寸界线的倾斜角度。图 4 - 42 中为"倾斜（R）"选项激活后，角度设置为 60°的执行结果。

◇ 注意：类似"％％C"一类的字符，在 AutoCAD 里为转义字符，"％％C"转换为直径符号"φ"，"％％D"转换为角度符号"°"，"％％P"转换为加减符号"±"等。

4.14 编辑标注文字

"编辑标注文字"用来移动和旋转标注文字并重新定位尺寸线。可以应用该命令更改或恢复标注文字的位置、对正方式和角度，也可以使用它更改尺寸线的位置。另外，使用夹点编辑也可以实现移动和旋转文字与尺寸线。

"编辑标注文字"命令调用方法有：

- 命令行：DIMTEDIT
- 工具栏："标注"→ **A**

进入"编辑标注文字"，命令行有如下提示：

命令：_DIMTEDIT
选择标注：(选择需要编辑的尺寸，可以一次选择多个)
为标注文字指定新位置或 [左对齐（L）/右对齐（R）/居中（C）/默认（H）/角度（A）]：(单击一点指定文字新位置)

选项说明：

"左对齐（L）/右对齐（R）/居中（C）"选项：分别指定文字在沿尺寸线左对齐、右对齐和居中的位置，如图 4 – 43 所示。选项适用于线性、半径和直径标注。

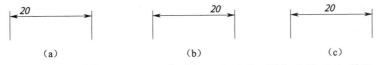

图 4 – 43 左对齐（L）(a)、右对齐（R）(b)、居中（C）(c) 效果

"默认（H）"选项：将标注文字移回默认位置。

"角度（A）"选项：修改标注文字的角度。文字的圆心位置不变。如果移动了文字或重生成了标注，由文字角度设置的方向将保持不变。输入 0°角将使标注文字以默认方向放置。

4.15 小 结

图形绘制完毕之后，要进行标注尺寸，本章详细介绍了各种尺寸标注工具，如线性标注、角度标注、对齐标注、半径标注、直径标注、快速标注、连续标注、基线标注等的调用方法和使用条件等；又介绍了一些尺寸标注的技巧和尺寸编辑的方法。

4.16 本章习题

1. 绘制图形并标注尺寸（图4-44）。

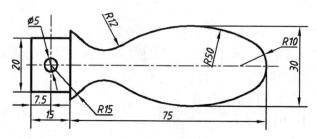

图4-44 习题1图

2. 绘制图形并标注尺寸（图4-45）。

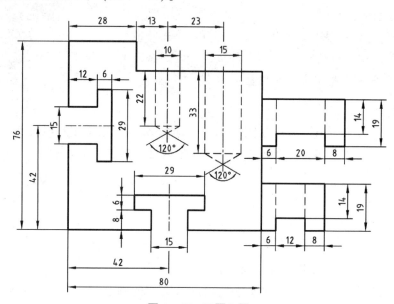

图4-45 习题2图

3. 绘制图形并标注尺寸（图4-46）。

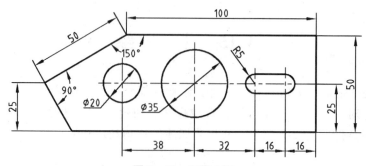

图4-46 习题3图

4. 绘制图形并标注尺寸（图 4 –47）。

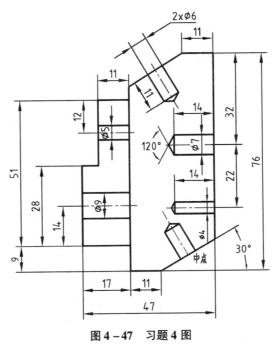

图 4 – 47　习题 4 图

5. 思考题。

① 如何设置在装配图中使用的引线样式？如何设置几何公差指引线的引线样式？

② 怎样标注几何公差？

③ 标注尺寸时，怎么修改尺寸数字？怎么在尺寸上加前缀或后缀？

④ 基线标注中怎么改变基准点的位置？

⑤ 同时对多个圆弧标注半径，采用什么命令？

第 5 章　AutoCAD 参数化绘图

本章导读
- ✓ 参数化概念
- ✓ 推断几何约束
- ✓ 几何约束
- ✓ 尺寸约束
- ✓ 参数化绘制图形的过程

5.1　参数化概念

　　参数化绘图是 AutoCAD 从 2010 版之后增加的绘图功能。其区别于传统的 AutoCAD 绘图，是一种全新的绘图方法。将图形利用几何关系约束好之后，添加尺寸约束、修改图形尺寸参数后，图形会自动发生相应的变化，因而参数化使绘图变得更加智能，对于几何关系比较复杂的图形，利用参数化绘图会变得很简单。如图 5 – 1 所示，正六边形添加了几何约束和尺寸约束后，修改尺寸约束为 10 和 20 可得到不同尺寸的正六边形。

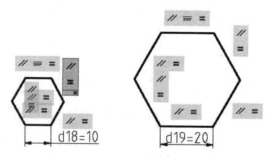

图 5 – 1　参数化绘图实例

　　参数化绘图的两个重要组成部分——几何约束和尺寸约束，已经集成在 AutoCAD 中。参数化工具集成在如图 5 – 2 所示的"草图与注释"界面的"参数化"选项卡和如图 5 – 3 所示的"AutoCAD 经典"界面的"参数"菜单和"参数"工具栏。一般来说，"参数化"选项卡更直观一些，适合初学者使用。

图 5-2　"参数化"选项卡

图 5-3　"参数"菜单与工具栏

5.2　推断几何约束

启用"推断约束"模式会自动在正在创建或编辑的对象与对象捕捉的关联对象或点之间应用约束。与"自动约束"命令相似，约束只在对象符合约束条件时才会应用。推断约束后不会重新定位对象。在"推断约束"模式开启时，自动推断出"相切""重合""水平"等约束。"推断约束"开启时，使用"多段线"绘制的长圆形显示的约束，如图 5-4 所示。

图 5-4　"多段线"绘制的长圆形显示的约束

"推断约束"模式开启方法有：

● 状态栏："推断约束"图标 ⊹

● 快捷键：Ctrl + Shift + I

"推断约束"模式开启时，用户在创建几何图形时指定的对象捕捉自动用于推断几何约束。但是，"推断约束"模式不支持"交点""外观交点""延伸""象限点"等对象捕捉。另外，"固定""平滑""对称""同心""相等""共线"等几何约束不支持"推断约束"模式，这些约束需要用相应几何约束命令进行添加。

图 5-5 所示的"约束设置"对话框中的"几何"选项卡可以对推断约束的几何约束的类型进行设置。

"约束设置"对话框的调用方法有：

● 状态栏：在"推断约束"按钮上单击"设置"

● 菜单栏："参数"→"约束设置"

● 工具栏："参数"→ ⬚

● 功能区："参数化"→"几何"→ ↘

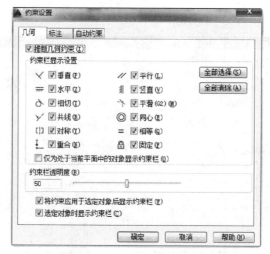

图 5-5 "约束设置"对话框

5.3 几 何 约 束

几何约束是指对象或关键点之间的位置及度量关系，包括点点、点线和线线的关系，如"重合""垂直""平行"等约束。所有的几何约束在如图 5-6 所示的"参数"→"几何约束"下拉菜单和功能区的"参数化"→"几何"选项板中。这些几何约束被保存在对象中，以便能够更加精确地实现设计意图。

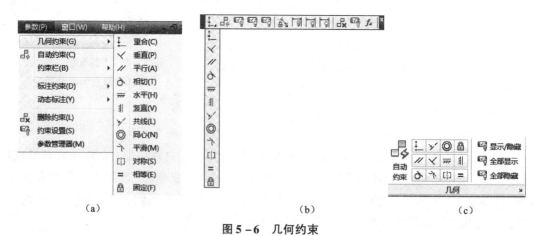

(a)	(b)	(c)

图 5-6 几何约束

(a) 几何约束下拉菜单；(b) "参数"工具栏；(c) 几何面板

5.3.1 自动约束

"自动约束"是一款非常有用的工具。选定一组之前绘制的对象后，AutoCAD 将自动根据需求对其进行约束。"推断约束"模式关闭时或"推断约束"模式下不能自动捕捉的约束均可通过"自动约束"添加。

"自动约束"命令调用方法有：

- 菜单栏："参数化" → "自动约束"
- 命令行：AUTOCONSTRAIN
- 工具栏："参数化" → 🏠
- 功能区："参数化" → "几何" → 🏠

"约束设置"对话框中的"自动约束"选项卡，能够设置约束优先级和约束公差等参数，如图 5 – 7 所示。

图 5 – 7　"自动约束"选项卡

[**例 5 – 1**]　利用"自动约束"命令将如图 5 – 8（a）所示的图形添加如图 5 – 8（b）所示的几何约束。

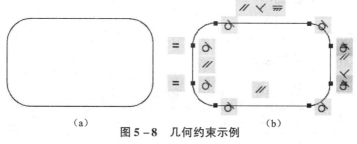

（a）　　　　　　　　　　　　　　（b）

图 5 – 8　几何约束示例

（a）原图；（b）添加自动约束

图形分析：

先选择所有对象，再选择"自动约束"，或先选择"自动约束"命令，再选择所有对象，空格或回车都可以添加自动约束。

操作过程：

进入"自动约束"，命令行提示如下：

命令：_AUTOCONSTRAIN
选择对象或 [设置 (S)]：指定对角点：找到 8 个（用窗口或交叉窗口选中全部所示图形）
选择对象或 [设置 (S)]：已将 23 个约束应用于 8 个对象（空格完成添加自动约束）

约束栏显示一个或多个图标，这些图标表示已应用于对象的几何约束。约束栏可以用来显示和验证几何约束与对象之间的关联。

鼠标悬停在约束图标上时，该约束以约束栏的形式存在，如图 5-9（a）所示，此时亮显该几何约束及与其相关联的对象，从而了解图形和约束的关联性。拖动约束栏，可将约束栏移动到其他位置，单击约束栏后面的"关闭"按钮可关闭当前约束栏。将鼠标悬停在已应用几何约束的对象上时，会亮显与该对象关联的所有约束栏，如图 5-9（b）所示。

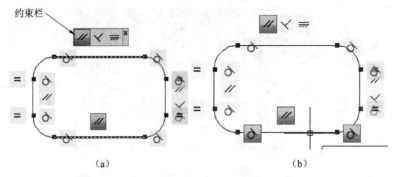

图 5-9　几何图形上的约束栏

（a）鼠标悬停在约束上，高亮显示约束栏和相关对象；
（b）鼠标悬停在对象上，高亮显示与对象相关的约束

◇ 注意：为减少混乱，重合约束应默认显示为蓝色小正方形。将"约束设置"对话框"几何"选项卡中的"重合"取消勾选，便可将其关闭。

5.3.2　几何约束工具

除了自动为图形添加约束，AutoCAD 提供了 12 种几何约束工具供用户使用，约束工具的图标、中英文名称和功能见表 5-1。

表 5-1　几何约束图标、名称及功能

图标	中文名称	英文命令	功能
	重合	GCCOINCIDENT	约束两个点，使其重合，或者约束一个点，使其位于对象或对象延长部分的任意位置
	共线	GCCOLLINEAR	约束两条直线，使其位于同一无限长的线上
	同心	GCCONCENTRIC	约束选定的圆、圆弧或椭圆，使其具有相同的圆心点
	固定	GCFIX	约束一个点或一条曲线，使其固定在相对于世界坐标系的特定位置和方向上

续表

图标	中文名称	英文命令	功能
//	平行	GCPARALLEL	约束两条直线，使其具有相同的角度
⌄	垂直	GCPERPENDICULAR	约束两条直线或多段线线段，使其夹角始终保持为 90°
〰	水平	GCHORIZONTAL	约束一条直线或一对点，使其与当前 UCS 的 X 轴平行
⫴	竖直	GCVERTICAL	约束一条直线或一对点，使其与当前 UCS 的 Y 轴平行
♂	相切	GCTANGENT	约束两条曲线，使其彼此相切或其延长线彼此相切
⌐	平滑	GCSMOOTH	约束一条样条曲线，使其与其他样条曲线、直线、圆弧或多段线彼此相连，并保持 G2 连续性
[‖]	对称	GCSYMMETRIC	约束对象上的两条曲线或两个点，使其以选定直线为对称轴彼此对称
=	相等	GCEQUAL	约束两条直线，使其具有相同的长度，或约束圆弧和圆，使其具有相同的半径值

几何约束工具命令调用方法有：

- 菜单栏："参数" → "几何约束"
- 工具栏："参数"
- 功能区："参数化" → "几何"

为对象添加约束的过程为：选择一个几何约束工具，例如"平行"，然后选择两个需要保持平行关系的对象。为了提高作图的正确率，作图时要注意选择对象的顺序。因为第一个选择的对象是不动的，第二个对象将根据第一个对象的位置进行平行调整，除非第二个对象使用了固定约束。所有的几何约束都遵循这个规则。

[例 5 - 2]　将如图 5 - 10 (a) 所示的两条直线添加如图 5 - 10 (b) 所示的重合约束。

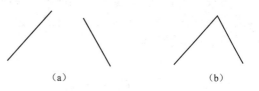

图 5 - 10　重合约束示例

(a) 添加"重合"前；(b) 添加"重合"后

图形分析：

作图方法是按照命令默认的选项，分别选择两个直线的端点。选择对象的顺序决定了图形的位置。

操作过程：

进入"重合"命令，命令行提示如下：

命令：_GCCOINCIDENT
选择第一个点或 [对象 (O)/自动约束 (A)] <对象 >：(选择左边直线的端点)
选择第二个点或 [对象 (O)] <对象 >：(选择右边对象的端点)

◇ 注意：第一次选择和第二次选择的对象都可以是点或对象，但至少有一个是点对象，第二个选择的点或对象与第一个选择的点或对象重合，注意选择的顺序。

5.3.3 几何约束的显示与隐藏

几何约束和相应的约束栏可以通过命令来控制其显示和隐藏。

1. 全部显示

单击"几何"→ 全部显示 按钮，显示图形中所有的几何约束。

2. 全部隐藏

单击"几何"→ 全部隐藏 按钮，隐藏图形中所有的几何约束。

3. 部分隐藏

单击"几何"→ 显示/隐藏 按钮，显示/隐藏选定对象的几何约束。

4. 显示/隐藏某种类型的几何约束

单击"约束设置"对话框中的"几何"选项卡，对几何约束显示类型进行设置。

5. 关闭约束栏

单击约束栏上的"关闭"按钮，可以将相应的约束栏关闭。

5.4 尺 寸 约 束

尺寸约束使几何体和尺寸参数之间保持一种驱动的关系。通过尺寸约束，既可以锁定对象，使其大小保持固定，也可以通过修改尺寸值来改变所约束对象的大小。尺寸约束和几何约束配合使用，帮助用户绘制需要的图形。

标注约束有动态约束和注释性约束两种形式。两种形式用途不同。默认情况下，标注约束是动态约束。尺寸约束添加是通过"参数化"→"标注"面板来实现。在绘图过程添加的是动态约束。

5.4.1 尺寸约束工具

尺寸约束有"线性""角度""半径""直径""角度"等工具，使用方法和相应的尺寸标注方法相似，尺寸约束图标、名称及功能见表 5－2。

表 5 - 2　尺寸约束图标、名称及功能

图标	中文名称	英文命令	功能
	线性	DCLINEAR	约束两点之间的水平或竖直距离
	水平	DCHORIZONTAL	约束对象上两个点之间或不同对象上两个点之间 X 方向的距离
	竖直	DCVERTICAL	约束对象上两个点之间或不同对象上两个点之间 Y 方向的距离
	对齐	DCALIGNED	约束对象上两个点之间的距离，或者约束不同对象上两个点之间的距离
	半径	DCRADIUS	约束圆或圆弧的半径
	直径	DCDIAMETER	约束圆或圆弧的直径
	角度	DCANGULAR	约束直线段或多段线线段之间的角度、由圆弧或多段线圆弧段扫掠得到的角度，或对象上三个点之间的角度

"尺寸约束"工具命令调用方法有：

- 菜单栏："参数"→"尺寸约束"
- 工具栏："参数"
- 命令行：表 5 - 2
- 功能区："参数化"→"尺寸"

如图 5 - 11 所示。

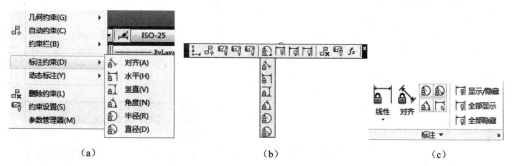

（a）　　　　　　　　　　（b）　　　　　　　　　　（c）

图 5 - 11　尺寸约束

（a）"尺寸约束"下拉菜单；（b）"参数化"工具栏；（c）"标注"面板

5.4.2 将标注转换为约束

"将标注转换为约束"是将图形中标注的尺寸转换为尺寸约束。

"将标注转换为约束"命令调用方法有：

- 命令行：DCCONVERT
- 功能区："参数化"→"尺寸"→

5.4.3 尺寸约束的显示和隐藏

尺寸约束通过命令来控制其显示和隐藏。

1. 全部显示

单击"参数化""标注"面板 全部显示 按钮，显示图形中所有的动态尺寸约束。

2. 全部隐藏

单击"几何"面板 全部隐藏 按钮，隐藏图形中所有的动态尺寸约束。

3. 部分隐藏

单击"几何"面板 显示/隐藏 按钮，显示/隐藏选定对象的动态尺寸约束。

5.4.4 尺寸约束的显示形式

在图 5–12（a）所示的"约束设置"的"标注"选项卡可以选择标注约束的名称格式，单击"名称和表达式"下拉列表可以看到有名称、值及名称和表达式三种形式。

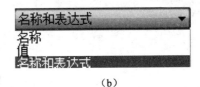

（a）   （b）

图 5–12 "约束设置"对话框

（a）"标注"选项卡；（b）"名称和表达式"下拉列表

5.5　几何约束与尺寸约束的管理

5.5.1　删除约束

"删除约束"用来删除选定对象上的所有约束，包括几何约束和尺寸约束。

"删除约束"命令调用方法有：

- 菜单栏："参数" → "删除约束"
- 命令行：DELCONSTRAIN
- 工具栏："参数" → 🗗
- 功能区："参数化" → "管理" → 🗗

操作方法：

进入"删除约束"命名后，命令行提示如下：

> 命令：_DELCONSTRAINT
>
> 将删除选定对象的所有约束 …
>
> 选择对象：(选择需要删除的一个或多个对象)
>
> 选择对象：(空格完成约束删除)

5.5.2　参数管理器

"参数管理器"列出了标注约束名称、表达式和数值，用户可以对其进行创建、编辑和修改，如图 5-13 所示。

"参数管理器"命令调用方法有：

- 菜单栏："参数化" → "参数管理器"
- 命令行：PARAMETERS
- 工具栏："参数化" → fx
- 功能区："参数化" → "管理" → fx

用户可以在"参数管理器"中创建、修改和删除参数。在如图 5-13 所示的"参数管理器"中，用户可以进行如下操作：

① 单击标注约束参数的名称，亮显图形中的约束。

② 双击名称或表达式可以对该尺寸约束进行编辑。

③ 单击鼠标右键并单击"删除"，可以删

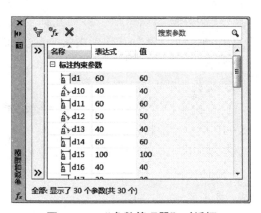

图 5-13　"参数管理器"对话框

除标注约束参数或用户变量。

④ 单击列标题,可以按名称、表达式或值对参数的列表进行排序。

5.6 标注约束与尺寸标注的区别

标注约束与尺寸标注在以下几个方面有所不同:

① 标注约束用于图形的设计阶段,而尺寸标注通常在文档阶段进行创建。

② 标注约束驱动对象的大小或角度,而尺寸标注由对象驱动。

③ 默认情况下,标注约束并不是对象,仅以一种标注样式显示,在缩放操作过程中保持相同大小,且不能输出到设备。

④ 如果需要输出具有标注约束的图形或使用标注样式,可以将标注约束的形式从动态更改为注释性。

5.7 参数化绘制图形的一般过程

参数化绘图和传统的绘图是截然不同的方法,利用参数化绘图的过程如下:

① 将"推断约束"模式打开,利用基本的绘图工具和基本的修改工具绘制基本图形。

② 为已有图形添加几何约束。一般先添加"自动约束",再添加其他类型的几何约束,可以大大提高绘图效率。

③ 为图形添加尺寸约束。

④ 继续绘制其他图形,添加几何约束和尺寸约束,直到图形完成。

◇ 注意:在绘制图形的时候,一般是一边绘图一边添加约束,可以保证图形的正确性。

[例5-3] 利用参数化工具绘制如图5-14所示的图形。

图形分析:

先绘制外面的三角形,添加几何约束和尺寸约束,再绘制正五边形,添加几何约束。注意绘图顺序。

绘制过程:

1. 绘制外圈的三角形

① 将状态栏"推断约束"打开,绘制三角形,如图5-15所示,形状越接近原图形越好。

② 添加尺寸约束。单击面板"参数化"→"标注"→ ⾯, 添加如图5-16所示的三个尺寸约束。三角形绘制完成。

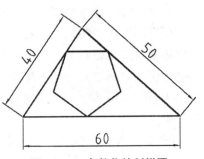

图5-14 参数化绘制样图

图 5 - 15　绘制三角形

图 5 - 16　添加尺寸约束

2. 绘制五边形

① 利用"五边形"命令绘制一个如图 5 - 17 所示的正五边形，注意正五边形方位，正五边形的下面的顶点落在直线上。

② 添加自动约束。单击面板"参数化"→"添加自动约束"，选中绘制的三角形和五边形，添加了五个边的相等约束和五边形一个顶点在直线上的重合约束，添加所有约束后图形如图 5 - 18 所示。

图 5 - 17　绘制正五边形

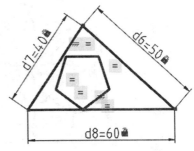

图 5 - 18　添加自动约束

③ 添加两个重合约束。单击面板"参数化"→"几何"→"重合"，添加重合约束，即将 1、2 两点分别利用"重合"约束到三角形的两个边上，绘制的图形如图 5 - 19 所示。

④ 添加两个角度约束。在作图的过程中，正五边形的已经失去了关联性，只有五个边相等的约束，因而需要添加如图 5 - 20 所示的两个 108° 的角度约束。

⑤ 整理图面，图形绘制完成。

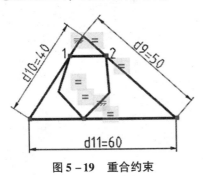

图 5 - 19　重合约束

图 5 - 20　角度约束

5.8 小 结

本节介绍参数化绘图的概念。参数化绘图是 AutoCAD 提供的一种新概念的绘图方法。将图形利用几何关系约束好之后，添加尺寸约束，修改图形尺寸参数后，图形会自动发生相应的变化。因而参数化使绘图变得更加智能，有些几何关系比较复杂的图形，利用参数化绘图会变得很简单。另外，介绍了几何约束工具和尺寸约束工具的命令和使用方法，并用实例来介绍参数化绘图的过程。

5.9 本 章 习 题

用参数法绘制图 5 – 21 所示的图形。

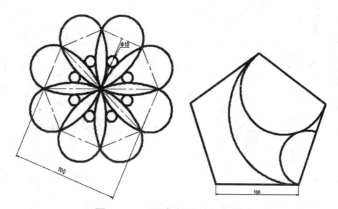

图 5 – 21   用参数法绘制图形

第 6 章 创建模板文件

本章导读

✓ 创建模板文件

✓ 设置图形单位和图形边界

✓ 设置图层

✓ 设置文字样式和标注样式

✓ 设置表格样式

✓ 绘制图幅、图框、标题栏

✓ 保存模板文件

模板文件相当于是用 AutoCAD 绘制的图纸，在创建图形文件时，直接调用模板文件，可以直接使用模板中的图层、文字样式、标注样式等内容，从而避免了重复的劳动，大大提高绘图的效率。

模板文件是 dwt 的格式，注意与 dwg 文件的区别。创建模板文件的一般过程为：首先新建一个无样板的文件，设置图形单位、图形界限、图层、文字样式、标注样式、表格样式等内容，再绘制边框、标题栏，书写标题栏信息，最后另存为 dwt 格式。

6.1 新建无样板文件

单击"新建"图标，在出现的如图 6 – 1 所示的"选择样板"对话框中，单击"打开"按钮右下角的小三角，在出现的快捷菜单上选择"无样板打开 – 公制"，进入绘图界面。

图 6 - 1　"选择样板"对话框

6.2　设置图形单位

设置图形的绘制精度，默认是精确到小数点后 4 位，实际工程制图不需要这么高的绘图精度，因而需要设置图形单位。

"图形单位"命令调用方法有：

- 下拉菜单："格式"→"单位"→"图形单位"
- 命令行：UNITS 或 DDUNITS

进入"图形单位"命令后，出现如图 6 - 2 所示的"图形单位"对话框，可以设置绘图精度，这里将精度设置为"0.0"，其余采用默认值，单击"确定"按钮。

软件中的角度默认逆时针为正，如果想设置成顺时针为正，可以在本对话框中选中"顺时针"复选框。系统默认 X 轴正向为屏幕的正右方，单击"方向"按钮，出现如图 6 - 3 所示的"方向控制"对话框，可以修改 X 轴的正向。

图 6 - 2　"图形单位"对话框

图 6 - 3　"方向控制"对话框

6.3　设置图形界限

"图形界限"是在绘图区域中设置不可见的图形边界。在命令行的提示下，分别对图幅左下角点和右上角点的坐标进行设置。

"图形界限"命令调用方法有：

- 下拉菜单："格式"→"单位"→"图形界限"
- 命令行：LIMITS

进入"图形界限"命令，命令行提示如下：

命令：_LIMITS

重新设置模型空间界限：

指定左下角点或［开（ON）/关（OFF）］<0.0，0.0>：（空格，确定左下角点为0，0）

指定右上角点 <420.0，297.0>：（空格，确定右上角点为420，297）

◇　注意：图幅边界设置好后，在命令行输入 Z（ZOOM）命令，回车，再在命令行的提示后输入 A（ALL）选项，以在屏幕可视区显示设置好的整个图幅。

6.4　创 建 图 层

图层相当于图纸绘图中使用过的重叠图纸。通过创建图层，可以将类型相似的对象指定给同一图层以使其相关联。在机械制图中，一般按线型来设置图层，另外，标注、文字、剖面线也可以单独放置在不同图层。

6.4.1　图层的特点

① 图层数没有限制，对每一图层上的对象数也没有任何限制。

② 每一图层有一个名称，以便于区别。当开始绘一幅新图时，AutoCAD 自动创建名为0的图层，这是 AutoCAD 的默认图层，其余图层需用户来定义，0层不能删除。

③ 一般情况下，位于一个图层上的对象应该是一种绘图线型、一种绘图颜色。用户可以通过改变图层的线型、颜色等特性来改变对象的特性。

④ 虽然 AutoCAD 允许用户建立多个图层，但只能在当前图层上绘图。

⑤ 各图层具有相同的坐标系和相同的显示缩放倍数。用户可以对位于不同图层上的对象同时进行编辑操作。

⑥ 用户可以对各图层进行打开、关闭、冻结、解冻、锁定与解锁等操作，以决定各图层的可见性与可操作性。

6.4.2　图层工具

图层的工具集中在如图 6-4 所示的"AutoCAD 经典"工作界面的"图层"工具栏和如图 6-5 所示的"草图与注释"工作界面的"默认"→"图层"面板。图层工具命令图标、名称和作用见表 6-1。

图 6-4　"图层"工具栏

图 6-5　"图层"面板

表 6-1　图层工具命令图标、名称和作用

工具图标	中文名称	功能键/快捷键	功能
	图层特性	LAYER	管理图层和图层特性
	将对象的图层置为当前	LAYMCUR	将当前图层设置为选定对象所在的图层
	匹配	LAYMCH	将选定的图层更改为与目标图层相匹配
	上一个	LAYERP	放弃对图层设置的上一个或上一组更改
	隔离	LAYISO	隐藏或锁定除选定对象的图层之外的所有图层
	取消隔离	LAYUNISO	恢复使用 LAYISO 命令隐藏或锁定的所有图层
	冻结	LAYFRZ	冻结选定对象的图层
	关	LAYOFF	关闭选定对象的图层
	打开所有图层	LAYON	打开图形中的所有图层

工具图标	中文名称	功能键/快捷键	功能
	解冻所有图层	LAYTHW	解冻图形中的所有图层
	锁定	LAYLCK	锁定选定对象的图层
	解锁	LAYULK	解锁选定对象的图层
	更改为当前图层	LAYCUR	将选定对象的图层特性更改为当前图层
	将对象复制到新图层	COPYTOLAYER	将一个或多个对象复制到其他图层
	图层漫游	LAYWALK	显示选定图层上的对象，并隐藏所有其他图层上的对象
	冻结当前视口以外的所有视口	LAYVPI	冻结除当前视口外的其他所有布局视口中的选定图层
	合并	LAYMRG	将选定图层合并为一个目标图层，从而将以前的图层从图形中删除
	删除	LAYDEL	删除图层上的所有对象并清理图层

注：本表工具图标选自"草图与注释"工作界面"默认"→"图层"选项板上的图标。

6.4.3 图层特性

图层是通过图层特性进行创建、筛选、排序、删除和修改特性等操作的。

"图层特性"命令调用方法有：

- 下拉菜单："格式"→"图层特性"
- 命令行（快捷命令）：LAYER（LA）
- 工具栏："图层"→
- 功能区："默认"→"图层"→"图层特性管理器"

进入"图层特性"后，会出现如图 6-6 所示的图层特性管理器，可以看出图层特性管理器由图层过滤器、图层操作按钮和图层特性栏组成。

图层过滤器可以用来对图层进行过滤筛选，一般在图层比较多时方便对图层进行筛选和排序。

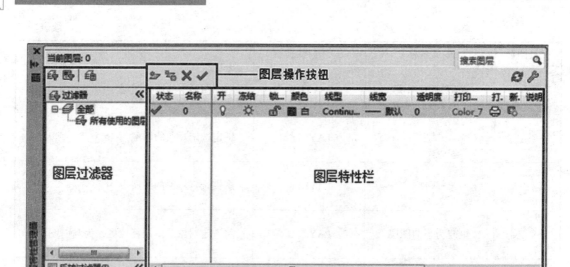

图 6 – 6   图层特性管理器

图层操作按钮从左到右依次为"新建图层""在所有视口中冻结的新图层视口""删除图层""置为当前"。"新建图层"按钮用于创建新图层;"删除图层"按钮用于删除选定图层,但只能删除未被参照的图层。参照的图层即 0 图层、包含对象(包含块定义中的对象)的图层、当前图层和依赖外部参照的图层,不能被删除。"置为当前"按钮用于将选定的某一个图层置为当前图层,当前图层是将要创建对象的图层。"在所有视口中冻结的新图层视口"按钮用于创建新图层,并在所有现有布局视图中将其冻结,一般用于在"布局空间"中创建不显示和打印的"视口"图层。

图层特性栏显示图层的"状态""名称""开关""冻结""颜色""线型""线宽"等特性。

6.5 创 建 图 层

根据机械制图绘图的标准,这里设置如图 6 – 7 所示的图层,创建过程如下:

① 进入"图层特性"命令,在"图层特性管理器"选项板中单击"新建图层"按钮,创建如图 6 – 7 所示的六个图层。图层名称分别为"粗实线""细实线""点划线""虚线""剖面线""标注"。图层重命名的方法为鼠标左键单击需要修改的图层的名称,使名称处在可编辑的状态,输入图层名即可。

② 单击"粗实线"层的线宽,在弹出的如图 6 – 8 所示"线宽"对话框中选择图层的线宽 0.5,用相同的方法设置其余图层的线宽均为 0.25。

③ 单击各个图层的颜色图标,会出现如图 6 – 9 所示的"选择颜色"对话框,可以选定各图层的颜色。在这里设置"点划线"图层的颜色为红色,"虚线"图层设置为绿色,其他图层颜色不进行设置,使用默认的颜色。

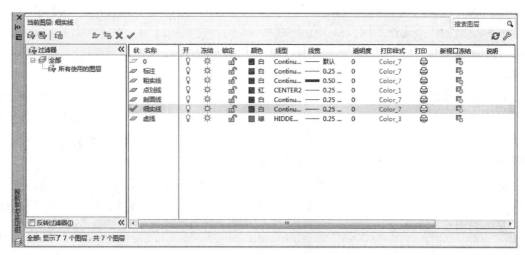

图 6-7　创建图层

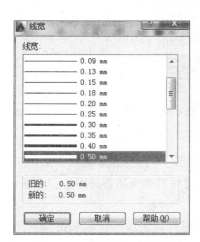

图 6-8　"线宽"对话框

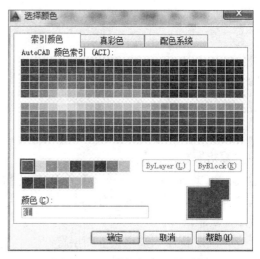

图 6-9　"选择颜色"对话框

④ 单击各图层的线型图标，会出现如图 6-10 所示的"选择线型"对话框，"已加载的线型"默认只有"Continuous"一种线型，单击"加载"按钮，出现如图 6-11 所示的"加载或重载线型"对话框，里边列出了系统配置的所有线型，线型是按字母顺序排列的。

图 6-10　"选择线型"对话框

图 6-11　"加载或重载线型"对话框

点划线层设置线型为 CENTER2。CENTER 线型有 CENTER、CENTER2、CENTERX2 三种，三种线型的线型比例不同，根据图形的大小来选择合适的线型。在"加载或重载线型"对话框中选择 CENTER2 线型，然后单击"确定"按钮，将 CENTER2 加载到"选择线型"对话框中。

虚线层选择的线型为 HIDDEN2，在"加载或重载线型"对话框中选择 HIDDEN2 线型，然后单击"确定"按钮，将 HIDDEN2 加载到"选择线型"对话框中。加载完成后的"选择线型"对话框如图 6－12 所示，选中需要的线型，单击"确定"按钮，返回到"图层特性"选项板，设置好图层的线型。

在"图层特性"选项板选择"细实线"层后，单击"置为当前"按钮，将当前层置为"细实线"层，单击"确定"按钮，返回到绘图窗口，在图层下拉列表中可以查看所有的图层信息，如图 6－13 所示。

图 6－12　设置线层后的结果

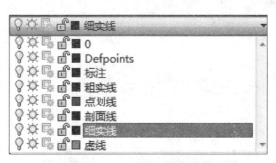

图 6－13　图层下拉列表

几点说明：

① 每个图形文件均包含一个名为 0 的图层，称为 0 图层。0 图层无法删除和重命名。0图层可以保证一个文件至少有一个图层，用户可以以 0 图层为参照创建新的图层，不建议在0 图层上绘制图形。

②"图层特性"选项板上图层特性栏中的"开关"按钮可以实现打开和关闭选定图层。当图层打开时，图层上的对象可见并且可以打印。当图层关闭时，图层上的对象不可见并且不能打印。打开和关闭图层时，不会重生成图形。

③"图层特性"选项板上图层特性栏中的"冻结/解冻"按钮可实现在所有视口中冻结或解冻选定的图层。冻结图层上的对象不显示、不打印、不消隐、不渲染、不重生成。可以利用冻结图层来提高图形显示等操作的运行速度，提高选择对象效率，减少复杂图形的重生成时间。图层解冻时会重新生成图形，因而冻结/解冻图层比打开/关闭图层花费时间长。当前层不能冻结，也不能将冻结层置为当前层。

④"图层特性"选项板上图层特性栏中的"锁定/解锁"按钮可实现图层的锁定与解锁。图层被锁定时，图层上的所有对象不能被修改，锁定图层可以降低意外修改对象的可能性。用户仍然可以将对象捕捉应用于锁定图层上的对象，且可以执行不会修改这些对象的其他操作。

6.6　设定文字样式

AutoCAD 图形中的文字是根据当前文字样式标注的。文字样式说明所标注文字使用的字体及其他设置，如字高、字颜色、文字标注方向等。AutoCAD 2014 为用户提供了默认文字样式 STANDARD。当在 AutoCAD 中标注文字时，如果系统提供的文字样式不能满足国家制图标准或用户的要求，则应首先定义文字样式。

"文字样式"命令调用方法有：

- 菜单栏："格式"→"文字样式"
- 命令行：STYLE
- 工具栏："样式"→

进入"文字样式"命令，出现如图 6 – 14 所示的"文字样式"对话框，单击"新建"按钮，在如图 6 – 15 所示的"新建文字样式"对话框中，将"样式名"命名为"工程"。单击"确定"按钮，在出现的"文字样式"对话框中，设置字体样式为"gbetic. shx"或"gbenor. shx"，这两种字体分别是直体和斜体长仿宋体。选中"使用大字体"复选框，在"大字体列表"里选择"gbcbig. shx"，字体高度设置为 5，如图 6 – 16 所示。单击"应用"按钮，"工程"字体设置完成。在样式列表中选中"工程"字体，单击"置为当前"按钮，将"工程"样式置为当前文字样式。单击"关闭"按钮，关闭"文字样式"对话框。文字样式设置完毕。

图 6 – 14　"文字样式"对话框

图 6 – 15　"新建文字样式"对话框

图 6-16　设置文字样式

单击"文字样式"对话框"字体名"下拉列表，如图 6-17 所示。其中的字体样式是按字母顺序进行排列的。列表中的字体有带 @ 的字体和不带 @ 的字体。带 @ 符号的文字是竖直排列的，如图 6-18 所示。用户可以根据需要选用。大字体是用于非 ASCII 字符集的特殊形定义的字体，一般亚洲字体都勾选"大字体"复选框。

图 6-17　字体名列表

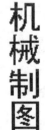

图 6-18　竖直排列字体

"注释性"复选框可以指定文字为注释性对象。注释性文字样式在相应的样式前会有注释性图标 。颠倒、反向和垂直效果如图 6-19 所示。"宽度因子"设定文字的长宽比；"倾斜角度"设定文字的倾斜角度。

文字颠倒效果　　　　　文字反向效果　　　　　文字垂直效果

图 6-19　文字的效果

6.7　设定标注样式

尺寸标注样式即标注样式，用于设置尺寸标注的具体格式，如尺寸文字采用的样式、尺寸线、尺寸界线及尺寸箭头的标注设置等，以满足不同行业或不同国家的尺寸标注要求。

"标注样式"命令调用方法有：

- 下拉菜单："格式"→"标注样式"或"标注"→"标注样式"
- 工具栏："标注"→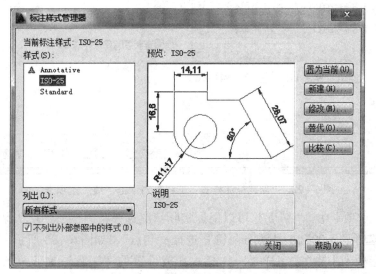
- 命令行（快捷命令）：DIMSTYLE（D）

进入"标注样式"命令后，出现如图 6 – 20 所示的"标注样式管理器"对话框，默认有"Annotative""ISO – 25"和"Standard"三种标注样式，三种样式中，"ISO – 25"标注样式和国标的相似，因此这里根据"ISO – 25"设置符合国标的标注样式。

图 6 – 20　"标注样式管理器"对话框

选中"ISO – 25"后，单击"新建"按钮，出现如图 6 – 21 所示的"创建新标注样式"对话框，新样式名为"工程"，单击"继续"按钮，出现"新建标注样式：工程"对话框。

图 6 – 21　"创建新标注样式"对话框

　　"新建标注样式：工程"对话框共有7个选项卡，需要进行部分修改。"线"选项卡中，"基线间距"设为7，"超出尺寸线"设为3，"起点偏移量"设为0，如图6-22所示。

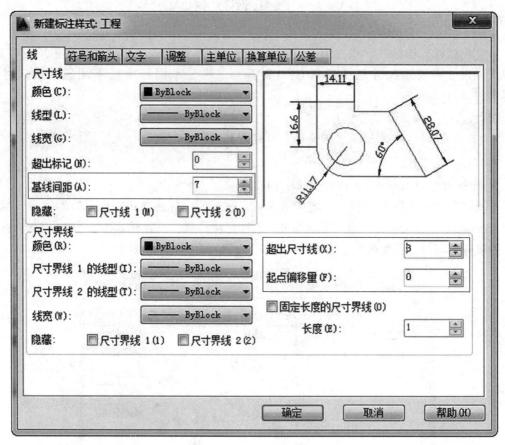

图6-22 "新建标注样式：工程"对话框"线"选项卡

　　"主单位"选项卡中，"精度"可以根据实际情况选择精确位数，默认保留小数点后四位小数，这里选择"0.00"，"小数分隔符"选择"句点"，如图6-23所示。

　　"文字"选项卡中，"文字样式"选择6.6节设置的"工程"文字样式，如图6-24所示。如果没有设置，可单击 ... 按钮，按第6.6节设置文字样式。"文字对齐"标签下有"水平""与尺寸线对齐"和"ISO标准"三个选项。对于线性尺寸，可以采用"与尺寸线对齐"；对于半径和直径尺寸，可采用"ISO标准"；对于角度尺寸，可以采用"水平"选项。

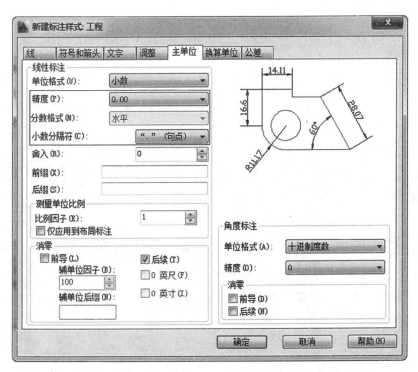

图 6 – 23 "新建标注样式：工程"对话框"主单位"选项卡

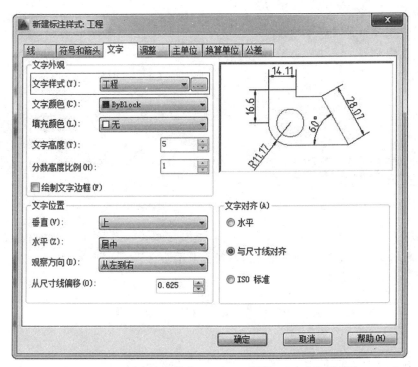

图 6 – 24 "新建标注样式：工程"对话框"文字"选项卡

6.8 用"矩形"等命令绘制图幅图框

采用"矩形"命令和"偏移"命令绘制图纸的图幅线和图框线，这里以 A3 图纸为例介绍图幅图框的绘制方法。A3 图纸大小为 420×297，采用图框线与图幅线在四个方向上的距离均为 10。绘制过程如下：

当前层为"细实线"层，进入"矩形"命令，命令行提示如下：

> 命令: _RECTANG
> 指定第一个角点或 [倒角 (C)/标高 (E)/圆角 (F)/厚度 (T)/宽度 (W)]: 0,
> 0 (空格，指定坐标 0, 0 为图幅的左下角点)
> 指定另一个角点或 [面积 (A)/尺寸 (D)/旋转 (R)]: @ 420, 297 (空格，指定
> 图幅的右上角点为@ 420, 297)

在图层下拉列表中选择"粗实线"层，将当前层设置为粗实线层，进入"偏移"命令，命令行提示如下：

> 命令: _OFFSET
> 当前设置: 删除源 = 否　图层 = 源　OFFSETGAPTYPE = 0
> 指定偏移距离或 [通过 (T)/删除 (E)/图层 (L)] <10.0>: L (输入 L 空格激活图层选项)
> 输入偏移对象的图层选项 [当前 (C)/源 (S)] <源>: C (输入 C 空格激活当前选项，设置将对象偏移到当前图层)
> 指定偏移距离或 [通过 (T)/删除 (E)/图层 (L)] <1.0>: 10 (输入 10 空格指定偏移的距离)
> 选择要偏移的对象，或 [退出 (E)/放弃 (U)] <退出>: (选择图幅线的细实线矩形)
> 指定要偏移的那一侧上的点，或 [退出 (E)/多个 (M)/放弃 (U)] <退出>: (在矩形内拾取一点，图形完成)
> 选择要偏移的对象，或 [退出 (E)/放弃 (U)] <退出>: (按空格退出命令)

◇ 注意："偏移"命令通过 [图层 (L)] 选项可以使偏移的对象与源对象在不同的图层上，方法是先设置当前层，再将对象偏移到当前图层上。

6.9 利用"表格"绘制标题栏表格

在工程图中经常遇到的表格，可以直接用图线绘制出来，也可以采用"表格"命令来绘制。本节介绍表格样式的设置和"表格"命令的使用方法。"表格"命令可以自动生成表格，非常方便。

6.9.1 设置"标题栏"表格样式

软件中自带的只有 Standard 一种表格样式，很难满足各种表格的制作要求，用户可以 Standard 表格样式为基础来定制自己需要的表格样式。

"表格样式"命令调用方法有：

- 菜单栏："格式"→"表格样式"
- 命令行：TABLESTYLE
- 工具栏："样式"→ 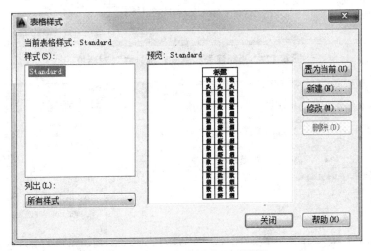（小图标）
- 功能区："注释"→"表格样式" （小图标）

进入"表格样式"命令后，打开如图 6-25 所示的"表格样式"对话框。Standard 是系统自带的表格样式，"预览"框中可以预览亮显的表格样式。

图 6-25 "表格样式"对话框

单击"新建"按钮，出现如图 6-26 所示的"创建新的表格样式"对话框，输入新样式名"标题栏"，单击"继续"按钮，出现如图 6-27 所示的"新建表格样式：标题栏"对话框。从左边预览框中可以看出表格中的单元形式有标题、表头和数据三种格式，每种格式都有常规、文字和边框三种选项卡，所以用户要分别设置标题、表头和数据的常规、文字和边框选项卡，如图 6-28 所示。

这里分别设置"标题""表头"和"数据"三种单元格的"常规""文字""边框"的选项卡为相同。"常规"选项卡中对齐设置"正中"；"文字"选项卡选用"工程"文字样式，边框采用默认。设置完成后，单击"确定"按钮，返回到"表格样式"对话框，在预览框会出现相应的"标题栏"表格样式，选中"标题栏"表格样式，单击"置为当前"按钮，将"标题栏"表格样式置为当前表格样式。

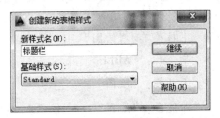

图 6-26 "创建新的表格样式"对话框

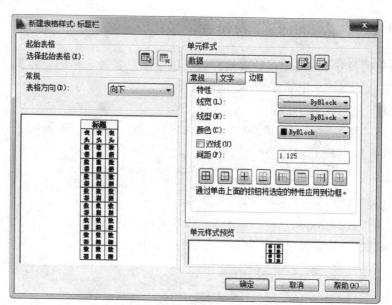

图 6 - 27　"新建表格样式：标题栏"对话框

"常规"选项卡　　　　　　"文字"选项卡　　　　　　"边框"选项卡

图 6 - 28　表格单元格的三种选项卡

6.9.2　创建"标题栏"表格

表格样式设置好后，使用"表格"命令可以创建表格。由于创建的表格都是等间距的，因而需要采用夹点或"特性"选项板来对表格进行编辑和修改。用"表格"命令绘制的表格，包含表格中的文字，都是一个整体对象，可以通过"分解"命令将表格分解。

"表格"命令调用方法有：

- 下拉菜单："绘图" → "表格"
- 命令行：TABLE
- 工具栏："绘图" → ▦
- 功能区："绘图" → "注释" → ▦

利用"表格"命令创建如图 6 - 29 所示的图纸标题栏的表格过程为：

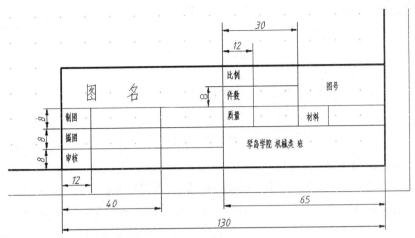

图 6 – 29 标题栏的表格

进入"表格"命令后，出现"插入表格"对话框，将对话框的内容按如图 6 – 30 所示的进行设置。表格样式选择"标题栏"，插入方式选择"指定窗口"，列数指定为 7，数据行数为 3；第一行单元样式、第二行单元样式、所有其他行单元样式都选择"数据"，单击"确定"按钮后，命令行提示如下：

命令：_TABLE
指定第一个角点：（光标任意单击一点）
指定第二角点：@ 84，40（指定第二个角点，采用相对坐标的形式，两个角点间的矩形区域为表格的大小）

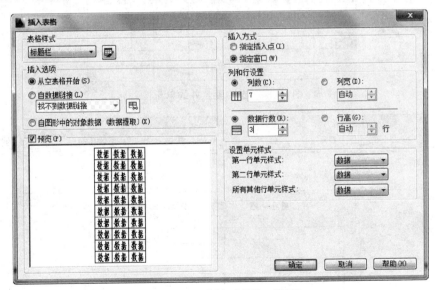

图 6 – 30 "插入表格"对话框

此时屏幕上出现如图 6 – 31 所示的"文字格式"编辑器，可对表格中的文字进行书写和编辑，这里直接单击"确定"按钮后，屏幕上出现如图 6 – 32 所示的初始的 5 行 7 列的表格，此时根据输入的坐标值@ 84，40，可知表格的行高为 8，列宽为 12。

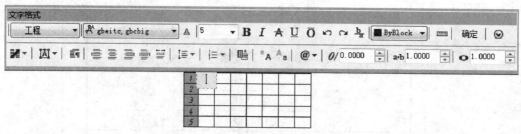

图 6-31　表格"文字格式"对话框

选中单元格，按快捷键 Ctrl +1，出现"特性"选项板，可以对选中的单元格的信息进行修改。在"特性"选项板中设置第二列列宽为 28，第三列列宽为 25，第 5 列列宽为 18，第 7 列列宽为 23，设置完成后得到如图 6-33 所示的表格，此时表格的外形尺寸 40×130，与原图一致。

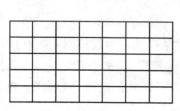

图 6-32　初始表格

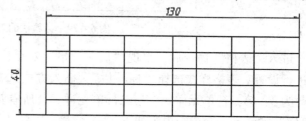

图 6-33　设置列宽后的表格

选中如图 6-34 所示的六个单元格，在出现的图 6-35 所示的"表格"对话框中单击"合并单元格"下拉列表，选择"全部"将六个单元格合并。用相同的方法合并另外两处单元格，得到如图 6-36 所示的表格。

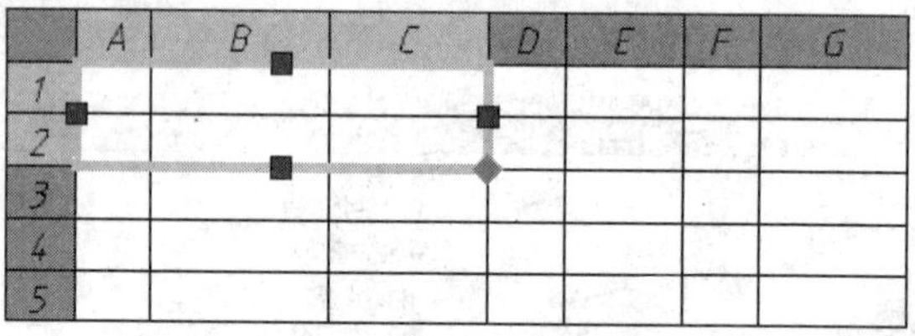

图 6-34　选中要合并的单元格

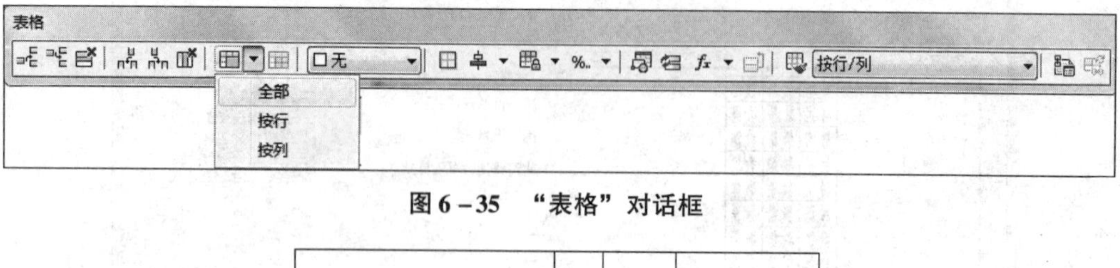

图 6-35　"表格"对话框

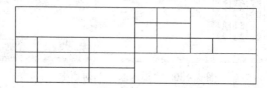

图 6-36　合并单元格后的表格

绘制的表格是在图形的任意位置，表格绘制完成后，可以利用"移动"命令将表格移动到图纸标题栏的位置。采用"移动"命令选中表格，以表格的右下角为基点，将其移动至图纸上指定位置。将表格"分解"后，修改相应的线型，书写相应的文字后，即得到所需表格。

几点说明：

① "表格"命令绘制的表格和表格中的文字是一个整体的块对象，可以用"分解"命令将其分解。

② 要选中多个单元格，既可以采用窗口方式，也可以采用交叉窗口方式。采用窗口方式不需要包含整个单元格，选中局部即可。按住 Shift 键并在另一个单元内单击，可以同时选中这两个单元及它们之间的所有单元。

③ 本例中数据行数输入的值为 3。注意，这里的数据行数不是总行数，不包含标题行和表头行。

6.9.3　修改表格

修改表格的方法有多种，可以通过夹点、"特性"选项板和"表格"编辑器等进行修改。

选中所有表格，会出现如图 6 – 37 所示的夹点。可以对表格进行整体的编辑，各个夹点的作用和用法如图 6 – 37 所示。

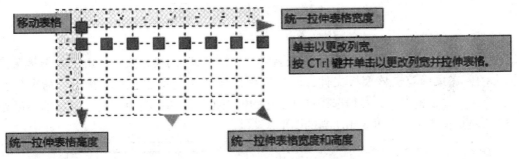

图 6 – 37　表格的各个夹点的作用

单击单元格，单元格以夹点的方式显示。拖动单元格上的夹点可以使单元格及其列或行变大或变小。

6.10　将图形另存为模板文件

采用"另存为"命令将绘制好的图形、表格，设置好的图层、文字样式、标注样式、表格样式，保存为扩展名为 .dwt 的模板文件。单击"文件"→"另存为"，出现如图 6 – 38 所示的"图形另存为"对话框。在"文件类型"下拉列表中选择"AutoCAD 图形样板"，图名命名为"A3 图纸"，选择保存路径，这里选择"桌面"后，单击"保存"按钮。图形模板绘制完成。

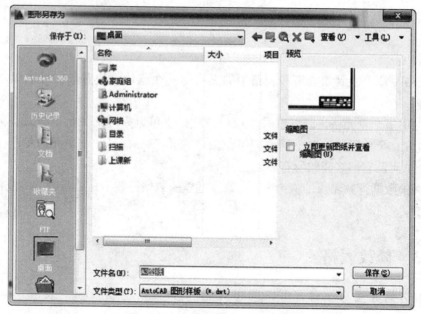

图 6 - 38　"图形另存为"对话框

6.11　模　板　调　用

　　模板创建好后,在保存的路径下出现名为"A3 图纸"的模板文件,由于本例是保存到桌面上的,在桌面双击该模板文件,即可调用模板文件,或是进入"新建"命令后,在"选择样板"对话框中根据路径选择自己创建的模板也可以调用模板。模板调用的结果如图6 - 39 所示。在图纸中即可绘制所需的图形。

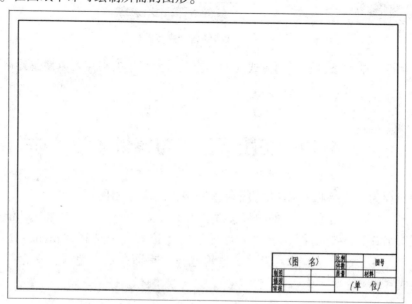

图 6 - 39　模板调用结果

6.12 小 结

绘图需要图纸，模板文件相当于电子文档的图纸，模板文件扩展名为 .dwt 文件。本章以创建 A3 模板为例，介绍创建模板文件的一般过程：设置图形单位、图形边界，设置图层，设置文字样式和标注样式，设置表格样式，绘制图幅、图框、书写标题栏，最后保存为模板文件。

6.13 本 章 习 题

创建 A4 横式模板，模板文件大小为 297 × 210，标题栏格式如图 6 - 40 所示，图层、文字、标注样式的设置同 A3 模板。

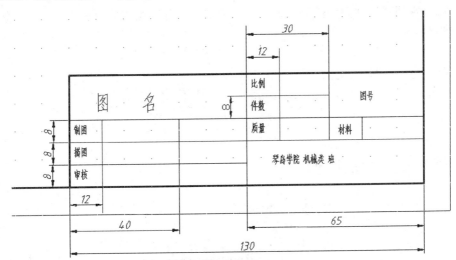

图 6 - 40 模板标题栏

第7章 绘制二维图形

本章导读

✓ 绘制简单的平面图形

✓ 绘制复杂的平面图形

✓ 绘制组合体三视图

✓ 绘制剖视图

本章详细讲解用 AutoCAD 绘制平面图形的实例，包括简单的平面图形、复杂的平面图形、组合体三视图和剖视图的绘制。通过实例熟练应用各种绘图命令和修改命令，熟练掌握二维绘图技巧。

7.1 绘制简单的平面图形

7.1.1 直线类的图形

[例7-1] 根据图形标注的尺寸绘制如图 7-1 所示的平面图形。

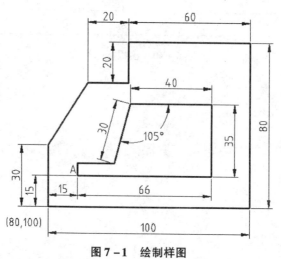

图 7-1 绘制样图

图形分析：

本例为坐标的熟练应用案例。起点（80,100）为绝对坐标，图中斜线可以用相对极坐标，作图辅助工具"动态输入"开启时，系统默认的为相对坐标，因而利用"动态输入"绘制斜线，非常方便。

作图过程：

① 启用模板，设置绘图环境。单击"标准"工具栏 📄 图标，或采用任何一种方法进入"新建"命令，在"选择样板"对话框中根据路径选中定制的"A3 图纸"模板文件，单击"打开"命令，调用如图 6-40 所示的 A3 模板文件。将当前层置为"粗实线"层，检查作图辅助工具"极轴""对象捕捉""对象捕捉追踪""动态输入"和"线宽"是否处在开启状态。

如果没有模板，可以按第 6 章"图层"内容设置图层，绘制图幅图框后进行绘图。

② 采用"直线"命令绘制如图 7-2 所示的外圈封闭图形。

进入"直线"命令，命令行提示如下：

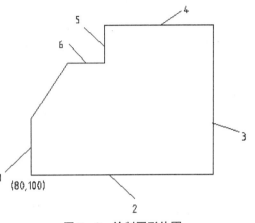

图 7-2　绘制图形外圈

命令：_LINE
　　指定第一个点：80，100（指定绘图起点的绝对坐标）
　　指定下一点或［放弃（U）］：30（光标向上移动，出现竖直追踪线，输入 30，完成直线 1）
　　指定下一点或［放弃（U）］：（空格退出命令）

再按一次空格，重新进入"直线"命令，命令行提示如下：

命令：_LINE
　　指定第一个点：（捕捉 80，100 点）
　　指定下一点或［放弃（U）］：100（光标向右，出现水平追踪线时，输入 100，完成直线 2）
　　指定下一点或［放弃（U）］：80（光标向上，出现竖直追踪线时，输入 80，完成直线 3）
　　指定下一点或［闭合（C）/放弃（U）］：60（光标向左，出现水平追踪线时，输入 60，完成直线 4）
　　指定下一点或［闭合（C）/放弃（U）］：20（光标向下，出现竖直追踪线时，输入 20，完成直线 5）
　　指定下一点或［闭合（C）/放弃（U）］：20（光标向左，出现水平追踪线时，输入 20，完成直线 6）
　　指定下一点或［闭合（C）/放弃（U）］：C（输入 C 空格，图形闭合，完成图形外圈）

③ 绘制如图 7-3 所示的图形内圈。利用"对象捕捉"工具栏"捕捉自"命令与相对坐标相结合，绘制图形的内圈。确定图 7-3 中的 A 点，需要用到"对象捕捉"工具栏"捕捉自"命令，"捕捉自"命令所在位置如图 7-4 所示。

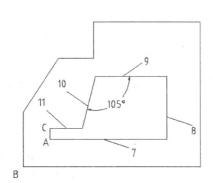

图 7-3 绘制图形内圈

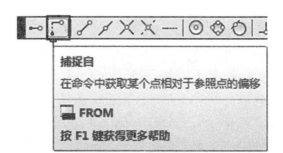

图 7-4 "对象捕捉"工具栏"捕捉自"按钮

进入"直线"命令，命令行提示如下：

命令：_LINE
指定第一个点：_from 基点：<偏移>：@15, 15（进入直线命令后，单击"捕捉自"按钮后单击 B 点后输入@15, 15 空格后光标起点定位到 A 点）
指定下一点或［放弃（U）］：66（光标向右，出现水平追踪线时，输入 66，完成直线 7）
指定下一点或［放弃（U）］：35（光标向上，出现竖直追踪线时，输入 35，完成直线 8）
指定下一点或［闭合（C）/放弃（U）］：40（光标向左，出现水平追踪线时，输入 40，完成直线 9）
指定下一点或［放弃（U）］：@30 < -105（输入 30 < -105，完成直线 10）
指定下一点或［闭合（C）/放弃（U）］：（光标移动到 A 点后不单击，竖直向上追踪到 C 点，如图 7-5 所示，单击完成直线 11）
指定下一点或［闭合（C）/放弃（U）］：C（输入 C 空格，图形闭合，完成图形）

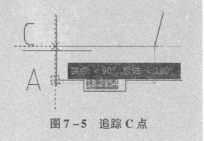

图 7-5 追踪 C 点

◇ 注意：本例作图的过程中，"动态输入"按钮处在开启状态，在作斜线 10 时，输入 30 < -105，在命令行显示的是@30 < -105。

7.1.2 绘制圆弧连接图形

［例 7-2］ 绘制如图 7-6 所示的图形。
图形分析：

本例是运用"直线""镜像"和"圆角"的综合案例。图形上的元素有很多，有的局部对称，可以采用镜像命令，本例要求熟练掌握"圆""圆弧""圆角"命令。

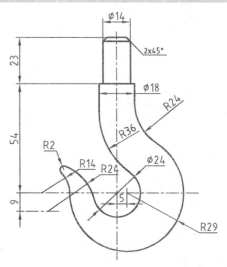

图 7-6 圆弧连接图形示例

操作过程：

①启用模板，设置绘图环境，方法同例 7 – 1。

②绘制定位线。当前层置为"点划线"层，采用"直线"和"偏移"命令绘制如图 7 – 7 所示的定位线。

③当前层置为"粗实线"层，采用"圆""直线"和"镜像"命令绘制如图 7 – 8 所示的已知的直线段和两个圆。

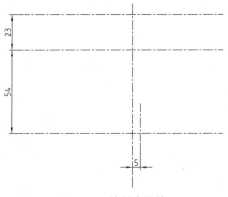

图 7 – 7　绘制定位线

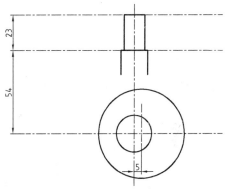

图 7 – 8　绘制已知直线段和圆

④采用"圆角"命令绘制如图 7 – 9（a）所示的两个连接圆弧 $R24$ 和 $R36$。

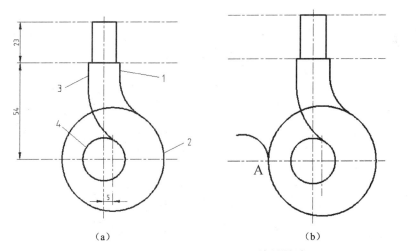

（a）　　　　　　　　　　　（b）　　　　　　　　　　　（c）

图 7 – 9　绘制圆弧

（a）用"圆角"命令绘制 $R24$ 和 $R36$ 的圆弧；（b）用"圆弧"命令绘制圆弧 $R14$；（c）追踪 $R14$ 圆心

输入 F 空格，进入"圆角"命令，命令行提示如下：

命令：FILLET
当前设置：模式 = 修剪，半径 = 2.0
选择第一个对象或 [放弃（U）/ 多段线（P）/ 半径（R）/ 修剪（T）/ 多个（M）]：R（输入 R 激活半径选项）
指定圆角半径 <2.0 >：24（输入半径数值 24 空格）

选择第一个对象或 ［放弃 （U）／多段线 （P）／半径 （R）／修剪 （T）／多个 （M）］:
（选择直线1）

选择第二个对象，或按住 Shift 键选择对象以应用角点或 ［半径 （R）］: （选择圆2，R24 圆弧绘制完毕）

按空格重复"圆角"命令：

命令: FILLET

当前设置: 模式 ＝ 修剪，半径 ＝ 24.0000

选择第一个对象或 ［放弃 （U）／多段线 （P）／半径 （R）／修剪 （T）／多个 （M）］: R

指定圆角半径 ＜24.0＞: 36 （输入半径数值36空格）

选择第一个对象或 ［放弃 （U）／多段线 （P）／半径 （R）／修剪 （T）／多个 （M）］:
（选择直线3）

选择第二个对象，或按住 Shift 键选择对象以应用角点，或 ［半径 （R）］: （选择圆4，圆弧 R36 绘制完毕）

⑤ 采用"圆弧"命令绘制如图 7-9 （b） 所示钩头处圆弧 R14。

输入 A 空格进入"圆弧"命令，命令行提示如下：

命令: _ARC

圆弧创建方向: 逆时针 （按住 Ctrl 键可切换方向）。

指定圆弧的起点或 ［圆心 （C）］: C （输入 C 切换到圆心模式）

指定圆弧的圆心: 14 （光标追踪到 A 点，不单击，向左移动，出现如图 7-9 （c）所示的水平追踪线时，输入14空格，光标捕捉到圆弧的圆心）

指定圆弧的起点: （拾取 A 点为圆弧的起点）

指定圆弧的端点或 ［角度 （A）／弦长 （L）］: （拾取一点，圆弧绘制完毕）

⑥ 采用"偏移""圆角"命令绘制如图 7-10 所示钩头处圆弧 R24。

输入 O 空格，进入"偏移"命令，设定偏移距离15，得到直线5。进入"圆角"命令，设定圆角半径24，对象选择直线5和圆4，完成圆角 R24，得到如图 7-10 所示图形。

⑦ 采用"圆角"命令绘制钩头处圆弧 R2。

输入 F 空格，进入"圆角"命令，设定圆角半径2，对象选择如图 7-11 所示的圆弧6和圆弧7，完成圆弧 R2。

⑧ 利用"倒角"命令绘制倒角 $2 \times 45°$。

输入 CHA 空格，进入"倒角"命令，命令行提示如下：

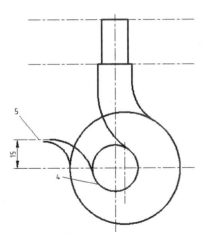

图 7-10 绘制钩头处圆弧 *R*24

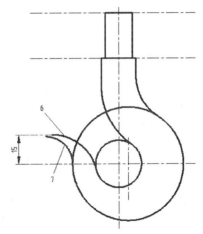

图 7-11 绘制钩头处圆弧 *R*2

命令：_CHAMFER
（"修剪"模式）当前倒角距离 1 = 2.0，距离 2 = 2.0
选择第一条直线或 [放弃（U）/多段线（P）/距离（D）/角度（A）/修剪（T）/方式（E）/多个（M）]：D（输入 D，激活距离选项）
指定第一个倒角距离 ⟨0.0⟩：2（输入倒角边距离）
指定第二个倒角距离 ⟨2.0⟩：（两个倒角边距离相同，直接空格确认）
选择第一条直线或 [放弃（U）/多段线（P）/距离（D）/角度（A）/修剪（T）/方式（E）/多个（M）]：（选择倒角第一个边）
选择第二条直线，或按住 Shift 键选择直线以应用角点，或 [距离（D）/角度（A）/方法（M）]：（选择倒角第二个边）

两边的倒角采用相同的方法。

⑨ 将作图辅助线删除，修剪图形，得到如图 7-12 所示图形，图形绘制完成。

[**例 7-3**] 按尺寸绘制如图 7-13 所示的图形。

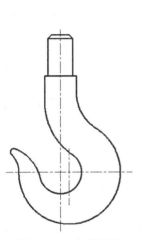

图 7-12 完成图形

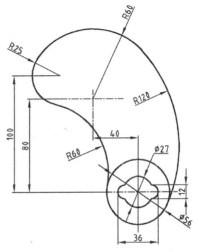

图 7-13 绘制示例

图形分析：

本图形的绘制难点为上面 4 个连续相切的圆弧的画法，四个圆弧推荐使用的命令和绘制顺序如图 7 - 14 所示，这里推荐按图中数字的顺序绘制四个圆弧。

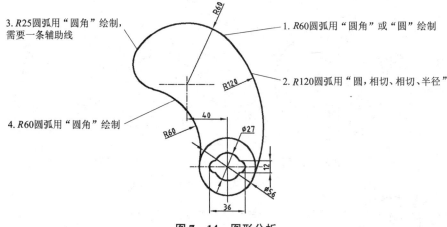

3. R25圆弧用"圆角"绘制，需要一条辅助线

1. R60圆弧用"圆角"或"圆"绘制

2. R120圆弧用"圆，相切、相切、半径"

4. R60圆弧用"圆角"绘制

图 7 - 14　图形分析

操作过程：

① 启用模板，设置绘图环境，方法同例 7 - 1。

② 绘制下部圆形图形，绘制过程如下：

将当前层置为"点划线"层，绘制两条中心线；将当前层置为"粗实线"层，采用"圆"命令绘制 $\phi27$ 和 $\phi56$ 两个圆，完成的图形如图 7 - 15 所示。采用"偏移"命令，设置偏移距离 6，得到两条水平辅助线，设置偏移距离 18，得到两条竖直辅助线，如图 7 - 16 所示。采用"圆弧"命令用三点方式绘制如图 7 - 17 所示的两个圆弧。"删除"命令将辅助线删除，"修剪"多余图形，得到如图 7 - 18 所示的图形。

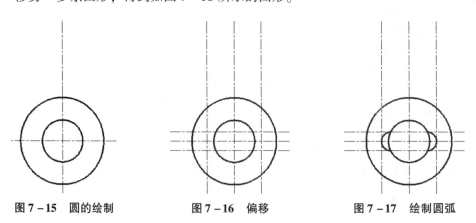

图 7 - 15　圆的绘制　　　　图 7 - 16　偏移　　　　图 7 - 17　绘制圆弧

③ 按如图 7 - 13 所示的顺序，绘制圆弧 R60 和 R120。

设定偏移距离 40 和 80，分别偏移两条中心线，得到 R60 的圆心 O 点，如图 7 - 19 所示。

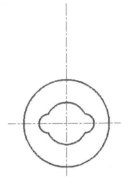

图 7-18 修剪图形

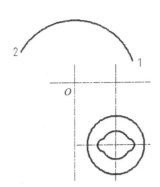

图 7-19 绘制圆弧 *R*60

输入 A 空格，进入"圆弧"命令，命令行提示如下：

命令：_ARC
圆弧创建方向：逆时针（按住 Ctrl 键可切换方向）
指定圆弧的起点或［圆心（C）］：C（输入 C 激活圆心选项）
指定圆弧的圆心：（光标拾取 *O* 点为圆弧圆心）
指定圆弧的起点：60（光标移动到点 1 附近后，输入 60，得到圆弧的起点）
指定圆弧的端点或［角度(A)／弦长（L）］：（光标移动到点 2 附近单击，得到圆弧的端点）

◇ 注意：绘制圆弧有方向要求，先绘制 1 点再绘制 2 点，如果先绘制 2 点，需按 Ctrl 键切换绘图方向。

采用"圆"绘制如图 7-20 所示的 *R*120 圆，修剪后得到圆弧 *R*120，如图 7-21 所示。

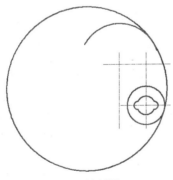

图 7-20 绘制圆 *R*120

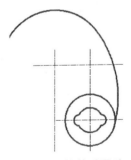

图 7-21 修剪后图形

输入 C 空格，进入"圆"命令，命令行提示如下：

命令：_CIRCLE
指定圆的圆心或［三点（3P）／两点（2P）／切点、切点、半径（T）］：T（T 激活切点、切点、半径模式）
指定对象与圆的第一个切点：（捕捉与 *R*60 的切点）
指定对象与圆的第二个切点：（捕捉与 φ56 的切点）
指定圆的半径〈50.0〉：120（输入半径值 120，得到 *R*120 的圆）

修剪后得到如图 7 – 21 所示的图形。

④ 利用"圆角"命令绘制圆弧 R25 和 R60。

利用"偏移"命令将如图 7 – 22 所示的直线 3 向上"偏移"75，得到直线 4，进入"圆角"命令，输入 R 空格后输入半径 25 空格，选择直线 4 和圆弧 5，R25 圆弧绘制完成。

输入 F 空格后，进入"圆角"命令，输入 R 空格后输入圆角 60 空格，选择如图 7 – 23 所示的圆弧 6 和圆 7，R60 圆弧绘制完成。

⑤ 利用"打断""删除"等命令整理图样，得到如图 7 – 24 所示的图形。

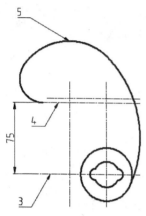

图 7 – 22　绘制 R25

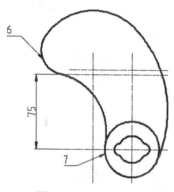

图 7 – 23　绘制 R60

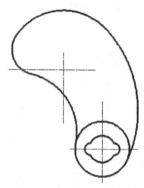

图 7 – 24　修剪打断整理图形

7.1.3　绘制多边形、椭圆及椭圆弧

[例 7 – 4]　绘制如图 7 – 25 所示的图形。

图形分析：

图形上的特殊元素有正六边形、正方形、1/4 椭圆弧和 1/2 椭圆弧。

操作过程：

① 启用模板，设置绘图环境，方法同例 7 – 1。

② 根据尺寸绘制中心线、圆和半圆，如图 7 – 26 所示。半圆可以用圆弧直接绘制，也可以用圆绘制，再进行修剪。将各个点按图中进行编号。

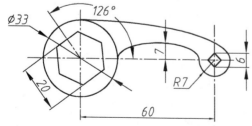

图 7 – 25　绘制多边形、椭圆及椭圆弧示例

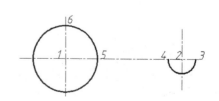

图 7 – 26　绘制中心线、圆和半圆

③ 绘制正多边形。

输入快捷键 POL 进入"正多边形"命令，命令行提示如下：

命令：_POLYGON
输入侧面数〈4〉：6（绘制正六边形）
指定正多边形的中心点或 [边（E）]：（指定 1 点为中心点）
输入选项 [内接于圆（I）／外切于圆（C）]〈I〉：C（输入 C 激活外切于圆选项）
指定圆的半径：@ 10 <126（"动态输入"开启时键入 10 <126）

正六边形绘制完成，按空格重复"正多边形"命令，命令行提示如下：

命令：_POLYGON
输入侧面数〈6〉：4（绘制正方形）
指定正多边形的中心点或 [边（E）]：（指点 2 点为中心点）
输入选项 [内接于圆（I）／外切于圆（C）]〈C〉：I（输入 I 激活内接于圆选项）
指定圆的半径：@ 3 <90（"动态输入"开启时键入 3 <90）

正方形绘制完毕，绘制完成后的图形如图 7 - 27 所示。

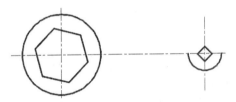

图 7 - 27　绘制正多边形

④ 绘制椭圆弧。

先绘制半个椭圆弧，单击"绘图"工具栏 图标，进入"椭圆弧"命令，命令行提示如下：

命令：_ELLIPSE
指定椭圆的轴端点或 [圆弧（A）／中心点（C）]：_a（提示是"椭圆弧"命令）
指定椭圆弧的轴端点或 [中心点（C）]：（光标拾取图 7 - 28 中 5 点为椭圆的一个轴端点）
指定轴的另一个端点：（光标拾取图中 4 点为椭圆另一个轴端点）
指定另一条半轴长度或 [旋转（R）]：7（光标向上方移动，出现如图 7 - 28 所示的数值追踪线时，输入 7，确定椭圆另一个半轴长度）
指定起点角度或 [参数（P）]：（指定 4 点为椭圆弧的起始点）
指定端点角度或 [参数（P）／包含角度（I）]：（指定 5 点为椭圆弧的终点）

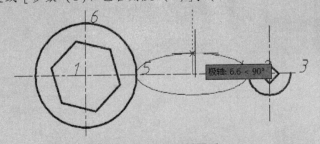

图 7 - 28　绘制椭圆弧

1/2 椭圆弧绘制完成，再次按 图标，进入"椭圆弧"命令，命令行提示如下：

```
命令：_ELLIPSE
指定椭圆的轴端点或 [圆弧（A）/中心点（C）]：_a（提示是"椭圆弧"命令）
指定椭圆弧的轴端点或 [中心点（C）]：C（输入 C 激活中心点选项）
指定椭圆弧的中心点：（指定 1 点为椭圆弧的中心点）
指定轴的端点：（指点 3 点为椭圆弧的轴端点）
指定另一条半轴长度或 [旋转（R）]：（光标拾取 3 点）
指定起点角度或 [参数（P）]：（光标再次拾取 6 点，指定 6 点为椭圆弧的起
点）
指定端点角度或 [参数（P）/包含角度（I）]：（光标再次拾取 3 点，指定 3 点为椭
圆弧的终点）
```

1/4 椭圆弧绘制完成，图形绘制完毕。

◇ 注意："椭圆弧"命令的起点和终点的顺序不能颠倒，否则绘出的是另一段优弧。

7.2 复制命令在图形中的应用

[**例 7 – 5**] 绘制如图 7 – 29 所示的图形。

图形分析：

图中 10 个圆的半径不知道，可以假定一个圆的半径，绘制出和例图相似的形状，再利用"缩放"参照选项将绘制的整个图形缩放到例图所给出的尺寸。

操作过程：

① 绘制第一行 4 个圆。首先绘制一个半径为 5 的圆，"复制"得到另外三个，如图 7 – 30 所示。

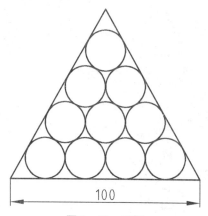

图 7 – 29 示例

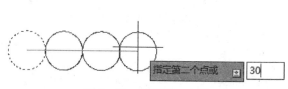

图 7 – 30 复制第一个圆

输入 C 空格，进入"圆"命令，命令行提示如下：

命令：_CIRCLE

指定圆的圆心或［三点（3P）／两点（2P）／切点、切点、半径（T）］：（光标在屏幕上任取一点）

指定圆的半径或［直径（D）］〈20.0〉：5（指定圆的半径为 5）

输入 CO 空格，进入"复制"命令，命令行提示如下：

命令：_COPY

选择对象：指定对角点：找到 1 个（选择第一个绘制的圆）

选择对象：（空格退出选择）

当前设置：复制模式 ＝ 多个

指定基点或［位移（D）／模式（O）］〈位移〉：（指定圆心为基点）

指定第二个点或［阵列（A）］〈使用第一个点作为位移〉：10（光标移动到正右方，出现如图 7-30 所示水平追踪线时，输入 10 空格，得到第二个圆）

指定第二个点或［阵列（A）／退出（E）／放弃（U）］〈退出〉：20（输入 20 空格，得到第三个圆）

指定第二个点或［阵列（A）／退出（E）／放弃（U）］〈退出〉：30（输入 30 空格，得到第四个圆）

指定第二个点或［阵列（A）／退出（E）／放弃（U）］〈退出〉：（空格退出命令）

◇ 注意：输入三个距离值时，始终要出现水平的追踪线。

② 将第一行圆按如图 7-31 所示的方向复制 4 行，绘制过程如下。

设置"极轴"增量角为 30°，光标可以捕捉到 30°的倍角。输入 CO，进入"复制"命令，命令如下：

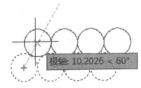

图 7-31　复制第一行圆

命令：_COPY

选择对象：指定对角点：找到 4 个（选择第一行 4 个圆）

选择对象：（空格退出选择）

当前设置：　复制模式 ＝ 多个

指定基点或［位移（D）／模式（O）］〈位移〉：（指定第一个圆的圆心为基点）

指定第二个点或［阵列（A）］〈使用第一个点作为位移〉：10（光标向右上方移动，出现 60°的追踪线时，输入 10 空格，得到第二排圆）

指定第二个点或［阵列（A）／退出（E）／放弃（U）］〈退出〉：20（输入 20 空格，得到第三排圆）

指定第二个点或［阵列（A）／退出（E）／放弃（U）］〈退出〉：30（输入 30 空格，得到第四排圆）

指定第二个点或［阵列（A）／退出（E）／放弃（U）］〈退出〉：（空格退出命令）

◇ 注意：输入三个距离值时，始终要出现 60°的追踪线。

绘制完成的图形如图 7-32 所示。

③ 删除多余的圆，利用"直线"命令绘制如图 7 – 33 所示的三角形，并将三角形合并成一个整体。

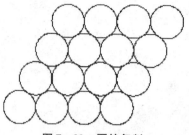

图 7 – 32　圆的复制

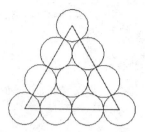

图 7 – 33　三角形绘制

输入 J 空格，进入"合并"命令，选择三条直线，空格完成合并。

④ 设定偏移距离 5，将三角形向外偏移 5，得到如图 7 – 34 所示的图形。将小三角形删除，如图 7 – 35 所示。

⑤ 利用"缩放"命令的参照选项将图形缩放到如图 7 – 36 所示的尺寸。

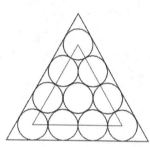

图 7 – 34　三角形偏移

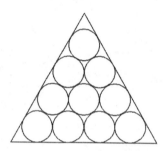

图 7 – 35　删除三角形

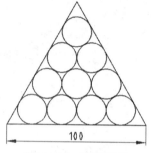

图 7 – 36　图形缩放

输入 SC，进入"缩放"命令，命令行提示如下：

命令：_SCALE
选择对象：指定对角点：找到 12 个（选择所有对象）
选择对象：（空格退出选择对象）
指定基点：（拾取三角形左下角点）
指定比例因子或 [复制 (C)/参照 (R)]：R（输入 R 激活参照选项）
指定参照长度〈1.0000〉：
指定第二点：（拾取三角形右下角点）
指定新的长度或 [点 (P)]〈1.0000〉：100（输入新长度 100，图形绘制完成）

7.3　利用旋转快速绘图

有些图形上有倾斜结构，在绘图的时候定位比较困难，可以在水平或竖直位置绘制之后，将图形统一旋转，从而降低绘图难度，提高作图效率。

[**例 7 – 6**]　绘制如图 7 – 37 所示的图形。

图形分析:

该图形两个相同的部分呈一定的角度,因而可以在水平位置绘制,将图形整体旋转,复制出倾斜部分的图形。

操作过程:

① 绘制图形上的中心线、圆和肋板,如图 7-38 所示。

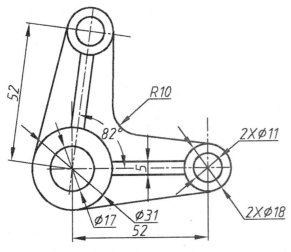

图 7-37 图形示例

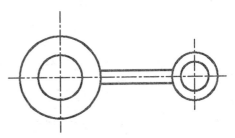

图 7-38 绘制图形上的中心线、圆和肋板

② 绘制切线。

由于切点不好捕捉,因而需要调用"对象捕捉"工具栏,方法为:在工具栏任一图标上单击鼠标右键,在出现的快捷菜单上单击"对象捕捉"。

输入 L,进入"直线"命令,单击"对象捕捉"工具栏上的"切点" ⟳ ,光标移动到第一个圆上,出现如图 7-39 所示的"递延切点"符号后单击,确定第一个切点;再单击"对象捕捉"工具栏上的"切点" ⟳ ,光标移动到第二个圆上,出现"递延切点"符号后单击鼠标左键,确定第二个切点,空格完成切线绘制,如图 7-40 所示。

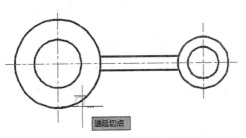

图 7-39 "递延切点"符号

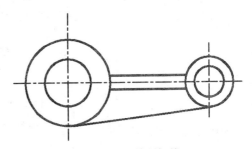

图 7-40 绘制切线

也可以使用快捷菜单捕捉"切点"。输入 L,进入"直线"命令后,按 Shift + 鼠标右键,出现如图 7-41 所示的"对象捕捉"快捷菜单,单击"切点"。光标移动到第一个圆上,出现"递延切点"符号后左键单击,确定第一个切点。再按 Shift + 鼠标右键,在出现的"对象捕捉"快捷菜单上单击"切点"。光标移动到第二个圆上,出现"递延切点"符号后左键单击,确定第二个切点,空格完成切线绘制。

③ 采用相同的方法绘制另外一条切线或采用"镜像"命令将切线镜像到另一侧。图形的水平部分绘制完毕，如图 7 – 42 所示。

图 7 – 41　"对象捕捉"快捷菜单

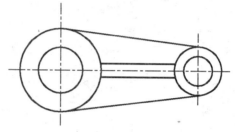

图 7 – 42　图形绘制完成

④ 利用"旋转"绘制图形的倾斜部分。

输入 RO 空格，进入"旋转"命令，命令行提示如下：

命令：ROTATE
UCS 当前的正角方向：　ANGDIR = 逆时针　ANGBASE = 0
选择对象：指定对角点：找到 9 个（用交叉窗口选中如图 7 – 43 所示虚线部分图形）
选择对象：（空格完成对象选择）
指定基点：（选定图 7 – 43 中的 O 点为旋转的基点）
指定旋转角度，或 [复制（C）/参照（R）] <0 >：
C（如图 7 – 43 所示，C 激活复制选项，即将选定对象旋转复制）
旋转一组选定对象。
指定旋转角度，或 [复制（C）/参照（R）] <0 >：
82（指定旋转角度 82）

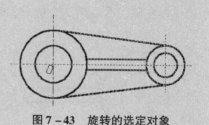

图 7 – 43　旋转的选定对象

旋转复制后的图形如图 7 – 44 所示。

⑤ 绘制 $R10$ 圆角。

采用"圆角"命令，输入 R 空格后，再输入半径值 10，选择 $R10$ 的两个相切边，完成圆角绘制，绘制完成的图形如图 7 – 45 所示。

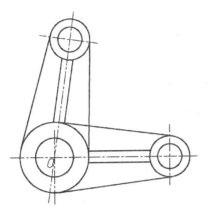

图 7-44 旋转复制的图形

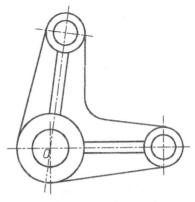

图 7-45 绘制 R10 圆角

7.4 利用拉伸快速绘制图形

[例 7-7] 利用"拉伸"命令绘制如图 7-46 所示的图形。

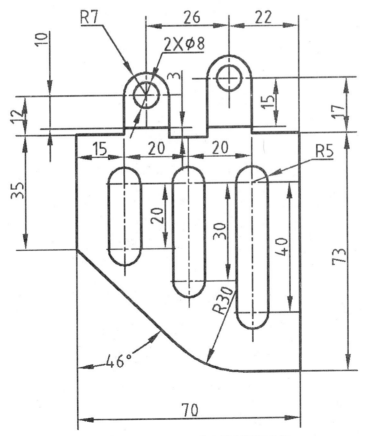

图 7-46 用"拉伸"命令绘制图形示例

图形分析：

图形看起来较为复杂，图形上相同元素比较多，但是尺寸不同，因而可以利用"复制"或"镜像"命令绘制出相同的图形，再利用"拉伸"命令对图形进行修改。

操作过程：

① 绘制外轮廓和相同元素的定位线，如图 7 – 47 所示。

② 绘制图形相同的元素，如图 7 – 48 所示。

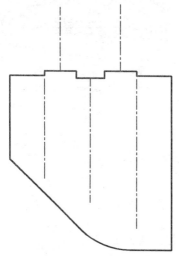

图 7 – 47　绘制外轮廓和定位线

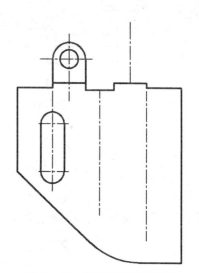

图 7 – 48　绘制图形相同元素

③ 利用"复制"命令将图形相同的部分进行复制，如图 7 – 49 所示。

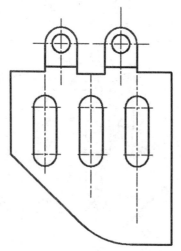

图 7 – 49　"复制"图形的相同元素

④ 利用"拉伸"命令对图形进行修改。

输入 S 空格，进入"拉伸"命令，命令行提示如下：

命令：_STRETCH

以交叉窗口或交叉多边形选择要拉伸的对象...

选择对象：指定对角点：找到 7 个（用交叉窗口选择图 7-50 矩形 1 包含的区域）

选择对象：（空格完成对象选择）

指定基点或 [位移 (D)] <位移>：（任意指定一点为基点）

指定第二个点或 <使用第一个点作为位移>：5（光标上移，出现竖直追踪线时，输入 5 空格，完成拉伸）

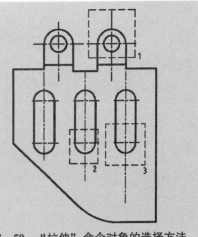

图 7-50　"拉伸"命令对象的选择方法

再次按空格重新进入"拉伸"命令，命令行提示如下：

命令：_STRETCH

以交叉窗口或交叉多边形选择要拉伸的对象...

选择对象：指定对角点：找到 5 个（用交叉窗口选择图 7-50 中矩形 2 包含的区域）

选择对象：（空格完成对象选择）

指定基点或 [位移 (D)] <位移>：（任意指定一点为基点）

指定第二个点或 <使用第一个点作为位移>：10（光标下移，出现竖直追踪线时，输入距离 10 空格，完成拉伸）

再次按空格重新进入"拉伸"命令，命令行提示如下：

命令：_STRETCH

以交叉窗口或交叉多边形选择要拉伸的对象...

选择对象：指定对角点：找到 5 个（用交叉窗口选择图 7-50 中矩形 3 包含的区域）

选择对象：（空格完成对象选择）

指定基点或 [位移 (D)] <位移>：（任意指定一点为基点）

指定第二个点或 <使用第一个点作为位移>：20（光标下移，出现竖直追踪线时，输入 20 空格，完成拉伸）

图形拉伸完成后，如图 7-51 所示。

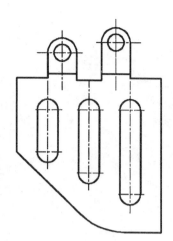

图 7 – 51　完成的图形

7.5　绘制三视图

　　三视图的绘制要求是：主、俯视图长对正；主、左视图高平齐；左、俯视图宽相等。用 AutoCAD 绘制三视图也需要进行形体分析和线面分析。

　　[**例 7 – 8**]　绘制如图 7 – 52 所示的三视图。

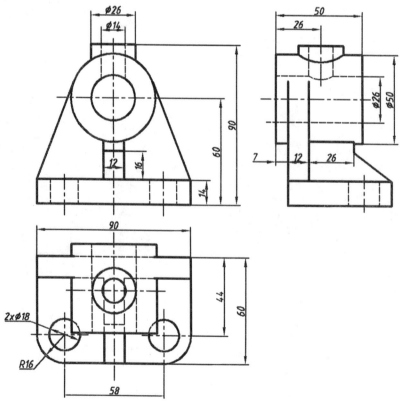

图 7 – 52　绘制三视图示例

图形分析：

绘制组合体三视图，首先对组合体进行形体分析，按先大后小、先实后空、先轮廓后细节的顺序绘制各个基本体。三个视图有对正关系，所以要熟练地应用"对象捕捉""极轴""对象捕捉追踪"来进行图形的快速定位，仔细分析图形上的对称部分和相同部分，应用"镜像""复制"等图形编辑命令来大大提高作图效率。

操作过程：

① 启用模板，设置绘图环境，方法同例 7 − 1。

② 绘制基准线和长方体底板的三视图，注意三个视图要对正。矩形可以用"直线"或"矩形"命令绘制，俯视图底板圆角用"圆角"命令绘制，绘制好的图形如图 7 − 53 所示。

③ 绘制圆筒的三视图。

圆筒的三视图应先绘制主视图，再绘制俯视图和左视图。俯视图的圆筒是对称的，可以先绘制一半图形，如图 7 − 54 所示，再利用"镜像"命令绘制另一半图形。左视图也是如此。绘制完成的图形如图 7 − 55 所示。

④ 绘制支承板。

绘制支承板应先绘制主视图两条切线。可以利用"对象捕捉"工具栏或"对象捕捉"快捷菜单捕捉"切点"。左视图和俯视图可利用"偏移"命令绘制，偏移的距离为 12，完成后的图形如图 7 − 56 所示。

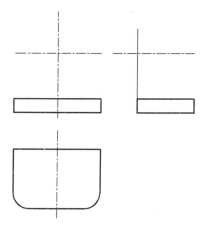

图 7 − 53　绘制基准线和长方体底板的三视图

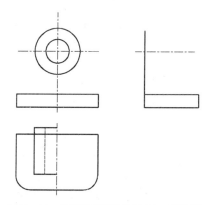

图 7 − 54　俯视图圆筒先绘制一半图形，
再进行"镜像"

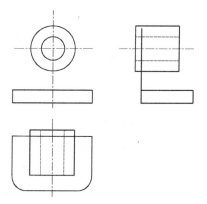

图 7 − 55　绘制圆筒部分

支承板和圆筒相切，根据形体表面之间的连接关系，左视图的支承板画到切点处，俯视图的支承板有不可见的部分，分界点也是切点位置，从主视图的切点分别向左视图和俯视图绘制如图 7 − 57 所示的三条辅助线。以绘制的辅助线为修剪边界对俯视图和左视图进行"修剪"，修剪后的图形如图 7 − 58 所示。将"虚线"层置为当前层，绘制俯视图中支承板不可见的部分，如图 7 − 59 所示。

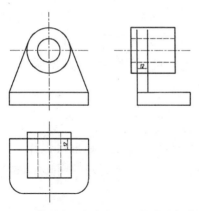

图 7 – 56 绘制支承板主视图，偏移肋板前表面

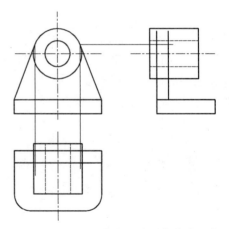

图 7 – 57 根据切点位置绘制修剪边界线

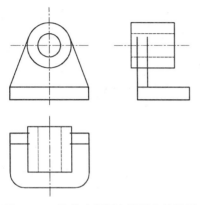

图 7 – 58 修剪支承板左视图和俯视图

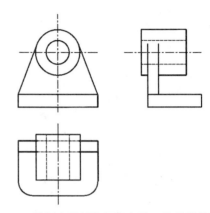

图 7 – 59 绘制支承板俯视图虚线，修剪圆筒轮廓线

⑤ 绘制凸台部分。

根据尺寸 26 和 90，在三个视图上对凸台进行定位，绘制中心线。凸台先绘制俯视图，即两个圆。凸台的主视图先绘制一半，如图 7 – 60 所示，再利用"镜像"命令，绘制完整的凸台。主视图绘制的凸台，通过"复制"命令，绘制到左视图上。

输入 CO 空格，进入"复制"命令，命令行提示如下：

> 命令：COPY
>
> 选择对象：指定对角点：找到 10 个 (选中如图 7 – 61 所示主视图的凸台部分)
>
> 选择对象：(空格完成对象选择)
>
> 当前设置： 复制模式 = 多个
>
> 指定基点或 [位移 (D)/模式 (O)] <位移>：(单击如图 7 – 61 所示的基点)
>
> 指定第二个点或 [阵列 (A)] <使用第一个点作为位移>：(光标向右移动到出现如图 7 – 61 所示的垂足处单击，空格完成复制)

"修剪"左视图，如图 7 – 62 所示。

绘制两条水平辅助线，用"圆弧"命令两条圆弧作为相贯线，如图 7 – 63 所示。

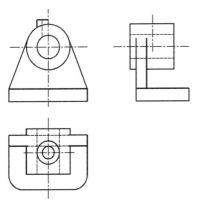

图 7－60　绘制凸台的俯视图，
主视图绘制一半

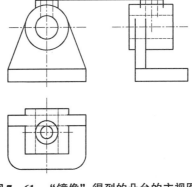

图 7－61　"镜像"得到的凸台的主视图，
"复制"到左视图

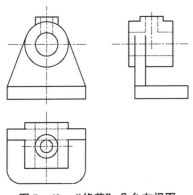

图 7－62　"修剪"凸台左视图

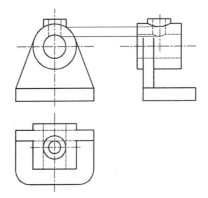

图 7－63　根据辅助线，绘制相贯线

⑥ 绘制肋板。

根据肋板的形状和尺寸，肋板先绘制主视图，再根据对正关系绘制左视图和俯视图，如图 7－64 所示。"修剪"后得到的图形如图 7－65 所示。

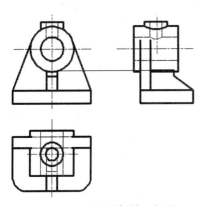

图 7－64　绘制肋板的三视图

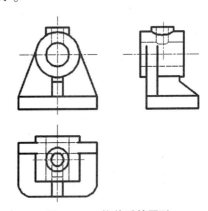

图 7－65　修剪后的图形

⑦ 绘制底板安装孔。

在三个视图上绘制安装孔的定位线，并绘制安装孔的俯视图，在主视图上绘制一个安装孔，如图 7－66 所示。利用"复制"命令将主视图上的安装孔复制到另一侧和左视图相应位置。将俯视图安装孔被圆筒遮挡的部分修剪掉，并用"圆弧"圆心起点端点的方法重新绘制圆弧，将其改到虚线层，得到如图7-67所示的图形。图形绘制完毕。

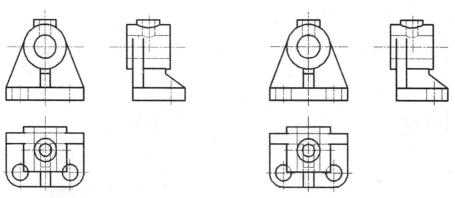

图7-66　绘制圆孔的俯视图和主视图上的一个孔　　　图7-67　复制安装孔，整理俯视图安装孔

几点说明：

图形上点划线、虚线和双点划线在很多情况下不能正确显示，可能显示为实线。图形上的线型显示不正确问题的解决方法：

① 选中问题图线，检查图线所在的图层和样式是否正确。

② 单击"图层特性"图标，打开"图层特性"选项板，检查该问题图线所在的图层的线型设置是否正确。

③ 如果还没有解决问题，就是图线线型比例的问题。线型比例过大或过小都不能正确显示。线型的显示与当前的屏幕的显示比例有关，图7-68所示的四条线型比例分别为5、1、0.3和0.1点划线在当前屏幕的显示状态。利用鼠标中轮放大缩小屏幕，确定是显示比例过大还是过小。选中直线，在按快捷键Ctrl+1出现的如图7-69所示的"特性"选项板"线型比例"中修改线型比例数值，使图线正确显示。

图7-68　点划线在线型比例不同时的显示状态　　　图7-69　"特性"选项板修改线型比例

7.6　绘制剖视图

图形上的不可见部分用虚线表示。虚线多了，会影响图形的清晰性，并且不方便标注尺

寸。为了表达机件的不可见结构，采用剖视图的表达方法。假想将机件在某处切开，将处在观察者和剖切面之间的部分去掉，将其余部分向投影面投影所得到的图形，称为剖视图。剖视图中，机件与剖切面接触部分，需绘制剖面符号，剖面符号需要用"图案填充"进行绘制。填充的图形与机件材料有关系，金属材料的剖面符号为45°的斜线。另外，剖视图和其他的图形之间有对齐关系，因而也需要用"极轴""对象捕捉""对象捕捉追踪"进行快速定位。

[例 7 - 9]　绘制如图 7 - 70 所示的剖视图。

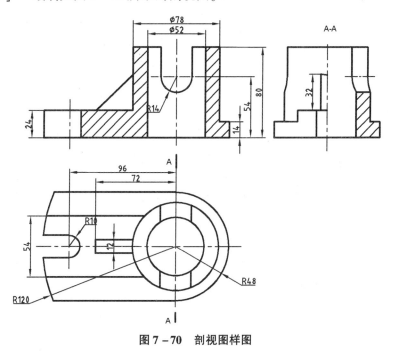

图 7 - 70　剖视图样图

图形分析：

先按照对正关系绘制图形，再利用"图案填充"绘制剖面线。主视图为全剖视图，俯视图为视图，左视图为半剖视图。

绘制过程：

① 调用模板，绘制中心线，如图 7 - 71 所示。

② 先绘制部分俯视图，再根据图形对正关系，绘制主视图的外轮廓，如图 7 - 72 所示。

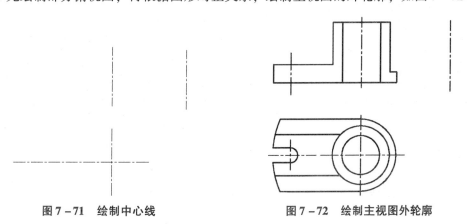

图 7 - 71　绘制中心线　　　　　　　图 7 - 72　绘制主视图外轮廓

③ 绘制主俯两个视图上的 U 形孔，如图 7 – 73 所示。

④ 将如图 7 – 74 所示的主视图的部分图形复制到左视图。

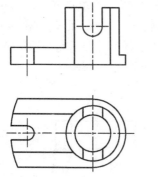 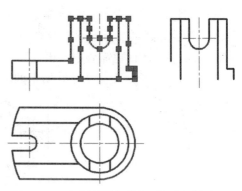

图 7 – 73　绘制主俯两个视图上的 U 形孔　　　　图 7 – 74　主视图的部分图形复制到左视图

⑤ 对左视图进行修改。

将左视图中 U 形孔部分删除，将对称部分镜像得到左边图形，如图 7 – 75 所示。

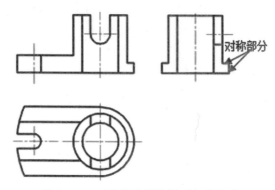

图 7 – 75　对称部分镜像得到左边图形

利用"偏移"命令绘制如图 7 – 76 所示的两条辅助线。

快捷键 O，进入"偏移"命令，命令行提示如下：

命令：O

OFFSET

当前设置：删除源 = 否　图层 = 源　OFFSETGAPTYPE = 0

指定偏移距离或 [通过 (T) /删除 (E) /图层 (L)] 〈通过〉：(单击图 7 – 76 俯视图中的 1 点)

指定第二点：(捕捉 1 点到中心线的垂足，即指定 1 点到垂足的距离为偏移距离)

选择要偏移的对象，或 [退出 (E) /放弃 (U)] 〈退出〉：(指定左视图的中心线为偏移对象)

指定要偏移的那一侧上的点，或 [退出 (E) /多个 (M) /放弃 (U)] ＜退出＞：(在中心线右侧单击一点)

选择要偏移的对象，或 [退出 (E) /放弃 (U)] 〈退出〉：(空格退出命令)

绘制出一条辅助线，空格重复"偏移"命令，用相同的方法指定图 7-77 所示的 2 点到垂足的距离为偏移距离，将左视图的中心线向右偏移，得到第二条辅助线，如图 7-76 所示。

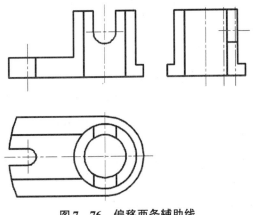

图 7-76　偏移两条辅助线

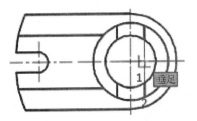

图 7-77　在俯视图上捕捉偏移距离

用"圆弧"命令捕捉三点，近似地绘制两条相贯线，并修剪右边的半个剖视图，如图 7-78 所示。

左视图的左边视图部分的相贯线通过"镜像"命令绘制，如图 7-79 所示，其余按照对正关系绘制，如图 7-80 所示。

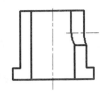

图 7-78　绘制右边半个剖视图

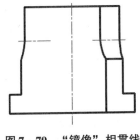

图 7-79　"镜像"相贯线

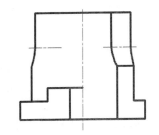

图 7-80　视图其他部分绘制

⑥ 绘制肋板。

肋板先绘制俯视图，再绘制主视图，左视图需要近似绘制一段圆弧来代替一段椭圆弧，如图 7-81 所示。

⑦ 绘制剖面线。

输入 H 空格，进入"图案填充"对话框，"图案"选择"ANSI31"，单击"添加：拾取点"按钮，到绘图屏幕的主视图上需要填充的两个区域和左视图需要填充的一个区域内分别单击，空格返回"图案填充"对话框，单击"确定"按钮完成图案填充，如图 7-82 所示。

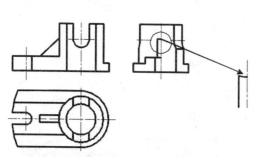

图 7 - 81   绘制肋板的三视图及圆弧细节

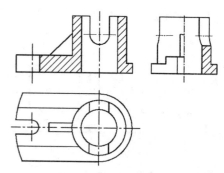

图 7 - 82   绘制剖面线

◇ 注意：如果剖面线过密或过疏，可以双击剖面线区域，出现如图 7 - 83 所示的快捷特性面板，修改"比例"数值调整剖面线的疏密程度。

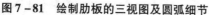

图 7 - 83   双击出现的快捷特性面板

⑧ 标注剖切符号，完成全图。

⑨ 读者自行完成标注尺寸。

7.7   小   结

本章详细讲解了 AutoCAD 绘制平面图形的实例，包括简单的平面图形，常用编辑命令"复制""旋转""拉伸"等命令的绘图技巧，以及绘制组合体三视图和剖视图的过程。通过实例应熟练掌握各种绘图命令和编辑命令的使用方法，熟练掌握二维绘图技巧。

7.8   本章习题

1. 根据图 7 - 84 所示尺寸绘制图形。

提示：椭圆为倾斜的，可以在水平位置绘制出来，进行"旋转"完成图形，如图 7 - 84 所示。

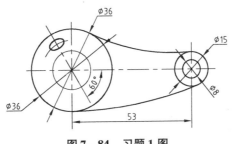

图 7 – 84 习题 1 图

2. 根据图 7 – 85 所示尺寸绘制图形。提示：对称部分可以用"镜像"命令；倾斜部分可以在水平位置绘制，再利用"旋转"整体旋转。

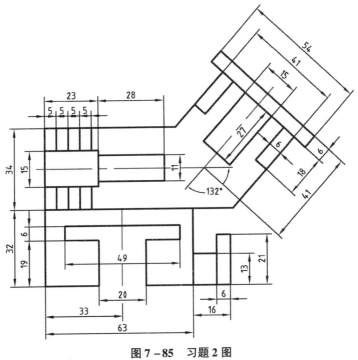

图 7 – 85 习题 2 图

3. 根据图 7 – 86 所示尺寸绘制图形。提示：利用多段线命令。

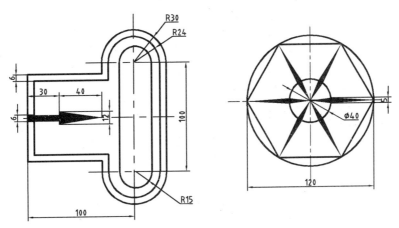

图 7 – 86 习题 3 图

4. 根据图 7 - 87 所示尺寸绘制图形。提示：利用环形阵列、镜像命令。

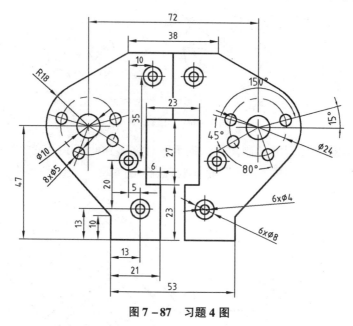

图 7 - 87　习题 4 图

5. 根据图 7 - 88 所示尺寸绘制图形。提示：利用偏移命令。

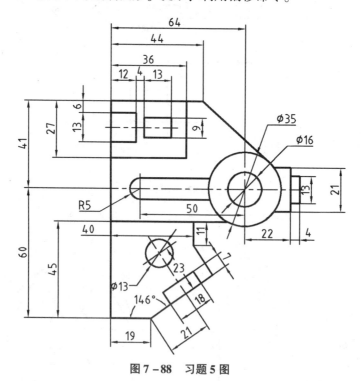

图 7 - 88　习题 5 图

6. 根据图 7-89 所示尺寸绘制图形。提示：利用圆角、圆、圆弧等命令。

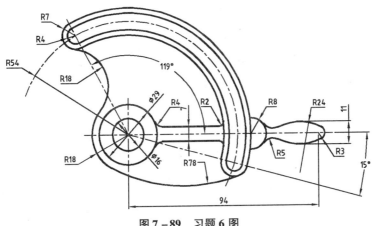

图 7-89　习题 6 图

7. 根据图 7-90 所示尺寸绘制图形。

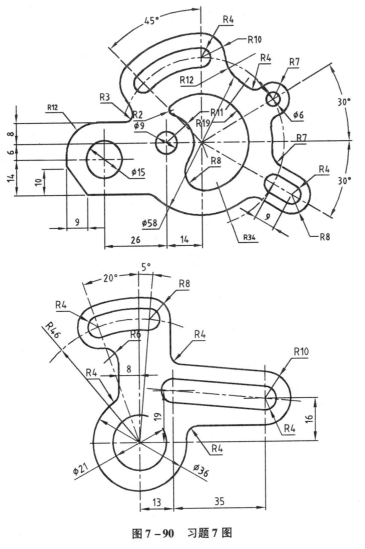

图 7-90　习题 7 图

第 8 章 绘制轴测图

本章导读

✓ 轴测图基本知识

✓ 正等轴测图的画法

✓ 斜二等轴测图的画法

✓ 轴测图剖视图的画法

8.1 轴测图的基本知识

轴测图是用平行投影法将物体连同其空间位置的直角坐标系，沿不平行于任一坐标面的方向投射在单一投影面即轴测投影面上得到的具有立体感的图形。轴测图在一个投影面上可以反映 X、Y、Z 三个坐标轴的方向，因而立体感较强，在工程上常常用作辅助图样。轴测图往往根据轴间角和轴向伸缩系数进行分类。本章主要介绍两种最常用的正等轴测图和斜二等轴测图的画法。

8.2 正等轴测图的画法

正等轴测图的轴测轴为三个坐标轴在轴测投影面上的投影。

轴间角为三个轴测轴之间的夹角。习惯上 Z 轴竖直向上。

8.2.1 正等轴测图轴间角和轴向伸缩系数

正等测中的轴间角 $\angle XOY = \angle YOZ = \angle XOZ = 120°$，如图 8 – 1 所示，三个轴的轴向伸缩系数都为 $p = q = r = 0.82$。在作图时往往都简化为 1。

8.2.2 平面立体轴测图的画法

正等轴测图三个轴间角都为 120°，因而绘制轴测图一般设置极轴增量角为 30°，可以捕捉屏幕 30°的倍角。设置方法为：在状态栏"极轴"按钮上单击鼠标右键，在出现的快捷菜单上单击

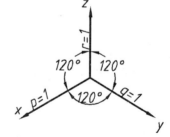

图 8 – 1　正等轴测图轴间角和轴向伸缩系数

"设置"，或单击菜单"工具"→"草图设置"，出现如图 8-2 所示的"草图设置"对话框。在"极轴追踪"选项卡设置极轴增量角为 30°，单击"确定"按钮。同时，状态栏中"极轴捕捉""对象捕捉""极轴追踪"和"动态输入"按钮打开。如果设置线宽，可将"线宽"按钮开启。由于正等轴测图的轴间角都为 120°，X、Y、Z 三个方向的伸缩系数均为 1，因而绘制轴测图的时候，有些图线可以通过将投影图上的图线进行"移动""旋转"等命令编辑得到。

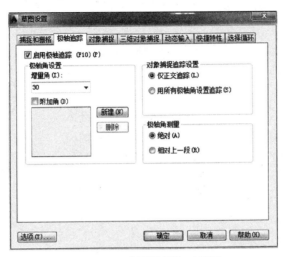

图 8-2　"草图设置"对话框

[例 8-1]　根据图 8-3 所示的正六棱柱的投影图绘制图 8-4 所示的正六棱柱的正等轴测图。

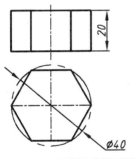

图 8-3　正六棱柱的投影图

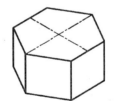

图 8-4　正六棱柱的正等轴测图

图形分析：

首先绘制正六棱柱上表面六边形的正等轴测图，再根据高度绘制棱线，最后连接生成底面，完成图形。已经判断出为不可见的图线可不画。图 8-4 所示正六棱柱的宽度是由图形确定的，因而直接绘制不是很方便，因此本例首先绘制俯视图的正六边形，再修改得到正六边形的轴测图。

操作过程：

① 设置极轴增量角为 30°。

单击"格式"→"草图设置"，在"极轴追踪"选项卡中设置增量角为 30°。

② 绘制正六边形上表面的轴测图。

先绘制俯视图正六边形和中心线，如图 8-5 所示。

输入 POL 空格，进入"正多边形"命令，命令行提示如下：

命令：_ POLYGON

输入侧面数 <4>：6（输入边数6，空格）

指定正多边形的中心点或［边（E）］：（在屏幕上指定一点为中心点）

输入选项［内接于圆（I）／外切于圆（C）］<I>：（空格选择内接于圆模式）

指定圆的半径：20（输入外接圆的半径20，空格完成）

利用"直线"命令绘制两条中心线，分别捕捉端点和中点，如图8-5所示。

利用"复制"命令，将图8-5中两条中心线复制到图形其他位置，如图8-6（a）所示。输入 RO 空格，进入"旋转"命令，将两条直线旋转到如图8-6（b）所示的位置。旋转中心为两直线的中心，直线1的旋转角度为30°，直线2为60°。

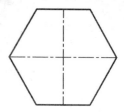

图8-5　上表面的正六边形

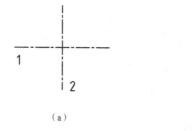

（a）　　　　　　　　　　　　　　（b）

图8-6　中心线复制和旋转

（a）复制中心线；（b）旋转中心线

输入 X 空格，进入"分解"命令，选中正六边形将其分解。采用"复制"命令选中正六边形的上边，复制到如图8-7所示的位置，基点为直线的中点。

输入 RO 空格，进入"旋转"命令，选中其中一条边，旋转中心为边的中点，角度为30°。用同样的方法旋转另一条边，得到如图8-8所示的图形。

"直线"连接六个顶点，得到正六边形的轴测图，如图8-9所示。

图8-7　将正六边形上下两个边复制到图示位置

图8-8　旋转上下两个边

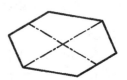

图8-9　完成上表面

③ 绘制完整正六棱柱的轴测图。

"直线"命令绘制一条直线，长度20，得到一条棱线，如图8-10所示。

"复制"命令复制另外三条直线，如图8-11所示。

"直线"命令完成全图，如图8-12所示。

图 8-10 绘制一条棱线

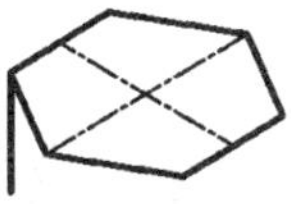

图 8-11 复制得到其他棱线

图 8-12 完成正六棱柱的轴测图

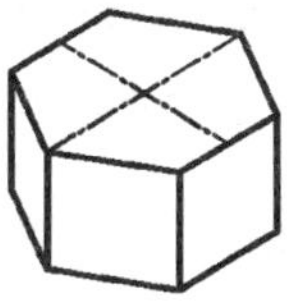

[例 8-2] 绘制如图 8-13 所示的形体的正等轴测图。

图形分析：

先绘制前表面，再沿 Y 轴向后平移 48，得到后表面，再绘制中间缺口。用"对齐"命令标注尺寸，用"编辑标注"对文字尺寸修改尺寸界线方向。

操作过程：

① 采用"直线"命令绘制形体的前表面。

同前例，设置极轴增量角为 30°，注意"极轴捕捉""对象捕捉""极轴追踪""动态输入"按钮要处在开启状态。利用"直线"命令绘制如图 8-14 所示的形体的前表面。

② 选中图 8-15 中高亮显示的三条直线，采用"复制"命令，沿图示 150° 方向即 Y 轴负方向移动 48 得到后表面三条直线，如图 8-16 所示。基点可以任取。

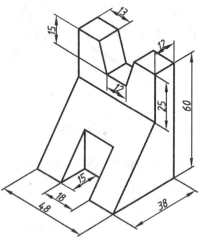
图 8-13 轴测图例图

图 8-14 形体的前表面

图 8-15 复制得到后表面

图 8-16 形体后表面

③ 绘制下边缺口，如图 8-17 所示，采用的命令有"直线"和"修剪"。

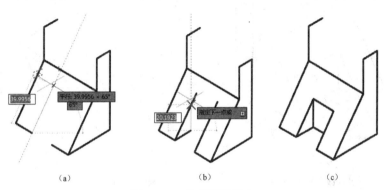

（a）   （b）   （c）

图 8-17 绘制下边缺口

（a）捕捉平行；（b）捕捉交点；（c）修剪完成缺口

◇ 注意：绘图时要捕捉平行和交点。

④ 绘制上面梯形缺口，过程如图 8 – 18 所示。

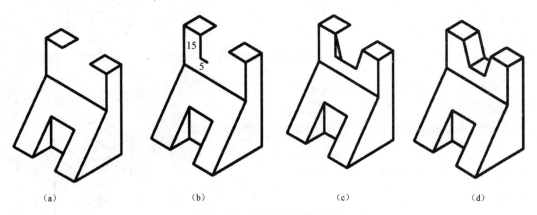

（a）　　　　　　　　（b）　　　　　　　　（c）　　　　　　　　（d）

图 8 – 18　绘制上面梯形缺口

（a）绘制形体上表面；（b）绘制 2 条辅助线；（c）连线；（d）完成梯形缺口

利用"直线"命令绘制形体上表面，如图 8 – 18（a）所示。

利用"直线"命令绘制 2 条辅助线，如图 8 – 18（b）所示，长度分别为 15、5。

连线，如图 8 – 18（c）所示。

利用"复制"命令绘制右表面缺口，利用"修剪"命令修剪图形，利用"删除"命令删除多余线，如图 8 – 18（d）所示。

⑤ 标注尺寸。

利用"标注"→"对齐"或"线性"命令绘制如图 8 – 19 所示的 10 个尺寸。

利用工具栏"标注"→"编辑标注"命令修改尺寸界线方向，可以将尺寸方向相同的尺寸一同修改。将尺寸线按方向分为如图 8 – 20 所示的 1、2、3 三组，尺寸界线方向分别与 X、Y、Z 平行。每一组可以一同修改尺寸界线方向。

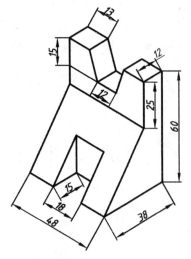

图 8 – 19　图形尺寸

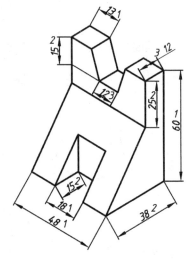

图 8 – 20　图形上的 1、2、3 组尺寸

进入"编辑标注"命令，命令行提示如下：

命令：_ DIMEDIT
输入标注编辑类型 ［默认 (H)／新建 (N)／旋转 (R)／倾斜 (O)］ ＜默认＞：O
（输入 O 激活倾斜选项）
选择对象：指定对角点：找到 1 个
选择对象：找到 1 个，总计 2 个
选择对象：找到 1 个，总计 3 个
选择对象：找到 1 个，总计 4 个（单击选择 1 组四个尺寸）
选择对象：（空格结束选择）
输入倾斜角度（回车表示无）：30（输入 30 空格完成修改）

用同样的方法修改 2 组和 3 组的尺寸界线方向。2 组尺寸输入倾斜角度为 -30°，3 组尺寸输入倾斜角度为 90°。

◇ 注意：这里输入的角度为尺寸界线与坐标系 X 轴方向的夹角。角度也可以在屏幕上捕捉两个点，以两个点连线的方向作为尺寸界线的方向。

标注完成后的图形如图 8-21 所示。

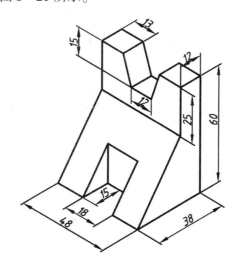

图 8-21　标注完成后的图形

8.2.3　坐标面圆正等轴测图的画法

要绘制曲面立体如圆柱、圆锥、圆台等形体的正等轴测图，都要先绘制处在坐标面的圆的正等轴测图。处在坐标面及和坐标面平行的平面上圆的正等轴测图都为椭圆，如图 8-22 所示。

［例 8-3］　绘制如图 8-23 所示的水平面的圆的正等轴测图。

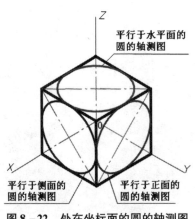

图8－22　处在坐标面的圆的轴测图

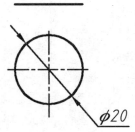

图8－23　水平面的圆

图形分析：

坐标面圆的正等轴测图，可以在"等轴测捕捉"模式下用"椭圆"命令绘制。

操作过程：

① 设置等轴测捕捉。

在状态栏"捕捉"按钮上单击鼠标右键，在出现的快捷菜单上单击"设置"，或单击菜单"格式"→"草图设置"，出现"草图设置"对话框。

在"捕捉和栅格"选项卡上，如图8－24所示，"捕捉类型"选"等轴测捕捉"，单击"确定"按钮。返回到绘图屏幕，光标会变成等轴测光标。等轴测光标有三种形式，如图8－25所示，

图8－24　"草图设置"对话框

图8－25　等轴测光标的三种形式

分别用来绘制水平面、正平面和侧平面上的图形。按功能键 F5，鼠标可在这三种状态之间切换。

② 绘制圆的等轴测图。

按功能键 F5，保证光标是水平光标，输入 E 空格，进入"椭圆"命令，命令行提示如下：

命令：_ ELLIPSE
指定椭圆轴的端点或 [圆弧 (A)/中心点 (C)/等轴测圆 (I)]：I（输入 I 激活等轴测圆选项）
指定等轴测圆的圆心：（屏幕上随便单击一点）
指定等轴测圆的半径或 [直径 (D)]：10（属入半径 10，完成的图形如图 8 - 26 所示）

图 8 - 26　水平面圆的等轴测图

8.2.4　组合体正等轴测图的画法

组合体中圆角和半圆的轴测图的绘制，一般是先绘制整圆的轴测图，再进行修剪。柱体可以先绘制一个底面的正等轴测图，再利用"复制"命令复制到平行的平面上。切割体在绘制的时候可以先绘制基本体的轴测图，再进行切割。绘制组合体的轴测图可以多种方法相结合，保证图形正确，减少绘图工作量，提高绘图速度。

[例 8 - 4]　绘制如图 8 - 27 所示的正等轴测图。

图形分析：

本例属于切割型的组合体，先绘制长方体，再进行修剪。圆角的轴测图的绘制，先绘制整圆，再进行修剪。

操作过程：

① 按照例 8 - 3 设置等轴测捕捉模式。设置极轴增量角为 30°。

② 利用"直线"命令，绘制长 56、宽 35、高 36 的长方体的轴测图，如图 8 - 28 所示。

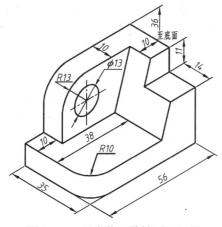

图 8 - 27　组合体正等轴测图示例

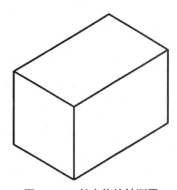

图 8 - 28　长方体的轴测图

③ 利用"直线"命令绘制缺口直线，如图 8 – 29 所示。

④ 利用"修剪"命令修剪得到如图 8 – 30 所示的形体。

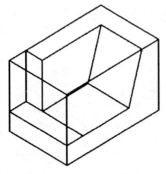
图 8 – 29　绘制缺口直线

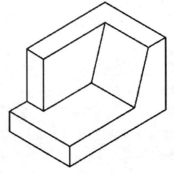
图 8 – 30　修剪缺口直线后的形体

⑤ 利用"直线"绘制前面缺口直线，如图 8 – 31 所示，"修剪"后得到如图 8 – 32 所示的形体。

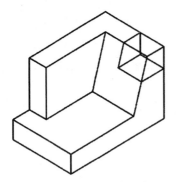
图 8 – 31　绘制前面缺口直线

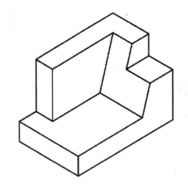
图 8 – 32　修剪缺口直线后的形体

⑥ 绘制圆角和圆的正等轴测图。

利用"直线"命令，确定圆和圆角的圆心，如图 8 – 33 所示。确定圆心 O_1 的为两条长度为 13 的直线，确定圆心 O_2 的为两条长度为 10 的直线。

输入 E 空格进入"椭圆"命令，输入 I 空格激活等轴测选项，绘制水平面圆的轴测图和正面圆的轴测图，如图 8 – 34 所示。

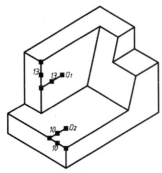
图 8 – 33　绘制直线确定圆心

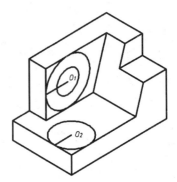
图 8 – 34　绘制圆和圆角的轴测图

◇ 注意：绘制不同坐标面圆的轴测图时，要按功能键 F5 切换等轴测平面。

"修剪"得到如图 8 – 35 所示的图形。

"复制"绘制下面和后面的圆角，如图 8 – 36 所示。"修剪"后得到形体的正等轴测图，如图 8 – 37 所示。

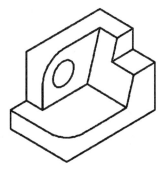 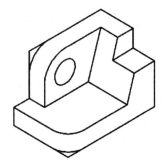 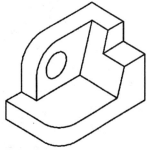

图 8 – 35　修剪后的图形　　　图 8 – 36　绘制下面和后面的圆角　　　图 8 – 37　修剪后的图形

⑦ 尺寸标注按例 8 – 2 的方法自行标注。

8.3　绘制斜二等轴测图

斜二等轴测图，简称为斜二测，也是工程中常用的一种轴测图，本节介绍斜二等轴测图的绘制方法。

8.3.1　斜二等轴测图轴间角和轴向伸缩系数

斜二等轴测图中的轴间角 $\angle XOY = \angle YOZ = 135°$，$\angle XOZ = 90°$，如图 8 – 38 所示，三个轴的轴向伸缩系数：$p = r = 1$，$q = 0.5$，其中 p、q、r 分别为 X、Y、Z 方向的轴向伸缩系数。

8.3.2　斜二等轴测图的画法

斜二等轴测图有两个轴间角为 135°，因而绘制斜二等轴测图，一般设置极轴增量角 45°。

图 8 – 38　轴间角和轴向伸缩系数

设置方法为：在"草图设置"对话框中，在"极轴"选项卡设置极轴增量角为 45°，方法见本章正等轴测图的画法。

由于斜二等轴测图 X、Z 方向的轴向伸缩系数都为 1，因而所有平行于正平面的图形都能够反映实形，因此对于所有圆形都平行的形体，绘制斜二等轴测图会非常方便。

［例 8 – 5］　根据如图 8 – 39 所示的平面图绘制斜二等轴测图，如图 8 – 40 所示。

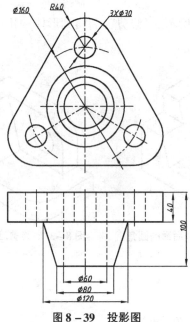

图 8 – 39　投影图

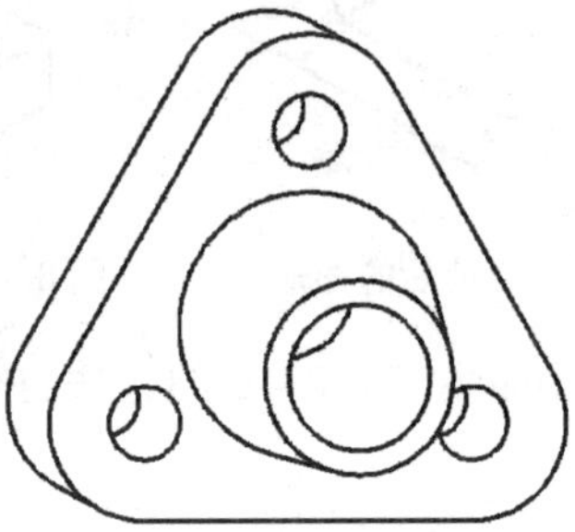

图 8 – 40　斜二等轴测图

图形分析：

　　形体中所有的圆和圆角，都处在平行于正平面的平面上，都能反映实形。Y 轴方向的轴向伸缩系数为 0.5，所有宽度方向的尺寸均为原来的 1/2。先绘制主视图的图形，再将不在同一个平面的图形沿 Y 轴方向平移或复制。

　　操作过程：

　　① 根据主视图的各个尺寸，绘制如图 8 – 41 所示的平面图形。

　　② 按例 8 – 1 的方法设置极轴增量角为 45°。

　　③ 输入 M 空格，进入"移动"命令，将图中的两个圆沿如图 8 – 42 所示 – 45° 方向，即沿轴测轴 Y 方向移动，距离为 30。

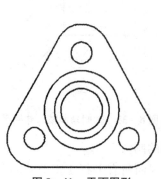

图 8 – 41　平面图形

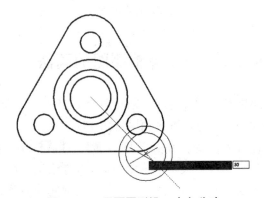

图 8 – 42　平面图形沿 Y 方向移动

　　④ 采用"复制"命令，将图 8 – 43 中选中的图形沿图 8 – 44 所示 135° 方向，即沿轴测轴 Y 方向复制，距离为 20，得到如图 8 – 45 所示的图形。

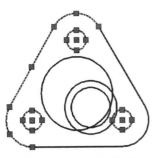

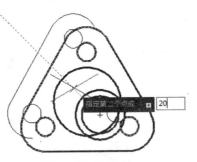

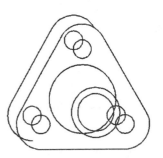

图 8 – 43 选中的图形   图 8 – 44 轴测轴   图 8 – 45 移动后

Y 方向移动   得到的图形

◇ 注意：如果已经确定轴测图上的某些线不可见，在绘图的过程中，可以省略不画，以免造成版面复杂，影响看图。因而此处没有将外圈的不可见的图形选中。

⑤ "修剪" 整理版面，得到如图 8 – 46 所示的图形。

⑥ 用 "直线" 命令绘制如图 8 – 47 箭头所指的 4 条公切线。

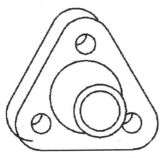

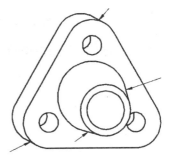

图 8 – 46 修剪后的图形   图 8 – 47 绘制 4 条公切线

◇ 注意：绘制公切线时要捕捉切点，可利用 "对象捕捉" 工具栏或对象捕捉快捷菜单。

⑦ 用 "复制" 命令将中心圆沿轴测轴 Y 轴的负方向移动距离 50，得到如图 8 – 48 所示的图形，修剪后得到如图 8 – 49 所示的图形，轴测图绘制完成。

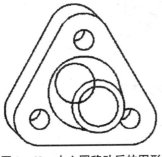

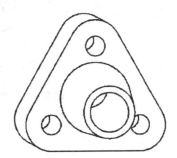

图 8 – 48 中心圆移动后的图形   图 8 – 49 轴测图完成

8.4 小 结

本章介绍用 AutoCAD 绘制轴测图的过程，包括平面立体、曲面立体的正等轴测图的画法和斜二等轴测图的绘制方法。注意两种轴测图绘制方法的区别。

8.5 本章习题

1. 绘制如图 8 – 50 所示的正等轴测图并标注尺寸。

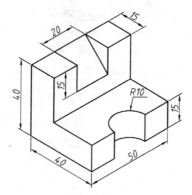

图 8 – 50   绘制正等轴测图并标注尺寸

2. 绘制如图 8 – 51 所示的正等轴测图。

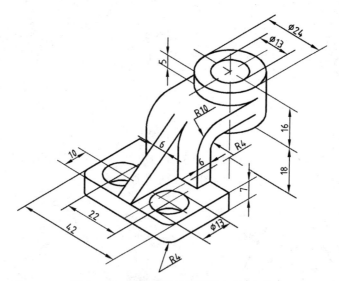

图 8 – 51   绘制正等轴测图并标注尺寸

第9章　图　　块

本章导读

✓ 图块的概念
✓ 图块的创建
✓ 带属性的块
✓ 表面粗糙度块
✓ 插入图块

9.1　图块的概念

在工程制图过程中，往往有一些特定的符号，比如工程制图中的标准件、电器元件等，需要重复使用，运用“图块”命令，可将这些重复的图形或和文字一起定义为一个整体，即定义为图块。图形中可修改的文字可以定义为块的属性。图块可在文档的其他位置或其他图形文件中进行调用，避免图形的重复绘制，从而提高作图效率与绘图质量。

9.2　图块的创建

使用“图块”命令创建的图块常被称为内部图块，跟随定义它的图形文件一起保存，即图块保存在图形文件内部。图块即内部图块，一般只能在当前文件内部调用。

“图块”命令调用方法：

- 下拉菜单：“绘图”→“块”→“创建”
- 工具栏：“绘图”→
- 命令行（快捷命令）：BLOCK　（B）
- 功能区：“默认”→“块”→

[例9-1]　将如图9-1（a）所示的图形创建为图块，基点如图9-1（b）所示。

图形分析：

先绘制好图形，再定义为块。

操作过程：

绘制好矩形和圆，进入“图块”命令后，出现如图9-2所示的“块定义”对话框，“名称”命名为“几何图形”，在“基点”标签上单击“拾取点”按钮，返回到绘图屏

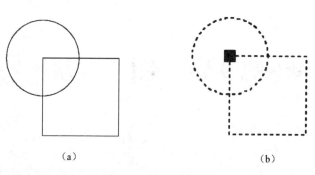

（a）   （b）

图 9 - 1   图块的创建

（a）创建前；（b）创建后

幕上拾取圆的圆心为基点，拾取后按空格键返回"块定义"对话框，在"对象"标签上单击"选择对象"按钮 ，跳转到屏幕上选取图中的两个对象，空格返回"块定义"对话框，单击"确定"按钮。图块创建完毕，选中图块后，显示如图 9 - 1 （b）所示效果。

图 9 - 2   "块定义"对话框

几点说明：

①"基点"为该图块的插入点，基点可以通过输入坐标值来确定，一般是在屏幕上指定。"在屏幕上指定"，是在关闭对话框后到屏幕上指定；"拾取点"按钮是暂时关闭对话框到屏幕上指定。

②"对象"标签中有"保留""转换为块"和"删除"三个选项。"保留"是创建图块后保留源对象，即不改变定义图块源对象的任何参数。"转换为块"是将源对象自动转换为块。"删除"，当创建图块后，删除源对象。默认为"转换为块"。

③"方式"标签用于指定块的注释性、缩放比例方式及是否支持分解等操作。对于用"图块"创建的图块，当在没有选中"允许分解"复选框时，图块不能用"分解"命令进行分解。

9.3 定义带属性的块

在工程制图中,有些带有可变文字信息的图形,比如图9-3中表面粗糙度、基准代号,这些代号不仅有图形,还有文字,文字并且是经常变化的。可变的文字可以定义为块的属性,属性和图形一起作为一个整体,定义为一个带属性的块。

[例9-2] 创建如图9-4所示的表面粗糙度图块。

图形分析:

固定不变的文字 Ra 用"文字"书写,需要改变的数字12.5定义为块的属性,再定义为块。先绘制好图形,定义块的属性,将图形和属性一起定义为图块。

操作过程:

① 在"草图设置"→"极轴"选项卡中设置极轴增量角为30°,用"直线"命令绘制块定义中的图形,用"多行文字"书写文字 Ra,如图9-5所示。

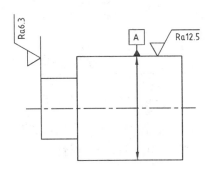

图9-3 图形中的基准
代号和表面粗糙度

图9-4 表面粗糙度
图块的创建

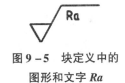

图9-5 块定义中的
图形和文字 Ra

② 将粗糙度中可变的文字定义为块的属性。

"定义属性"命令调用方法有:

- 下拉菜单:"绘图"→"块"→"定义属性"
- 命令行(快捷命令):ATTDEF(ATT)
- 功能区:"插入"→"块定义"→▣

进入"定义属性"命令后,在出现的"属性定义"对话框中作如图9-6所示的设置。"模式"选择勾选"验证"和"锁定位置"复选框,在"属性"文本框中输入"ccd",在"提示"文本框中输入"请输入粗糙度",在"默认"文本框中输入"12.5",在"文字样式"下拉列表中选择自己创建的"工程"文字样式。单击"确定"按钮,出现如图9-7所示的"编辑属性"对话框。单击"确定"按钮后,返回到绘图屏幕,光标发生变化,在屏幕上指定属性的位置,得到如图9-8所示的图形,其中"CCD"为块的属性的标记内容。属性定义完成。

③ 将图形、文字和属性定义为块。

输入B空格,进入"块定义"命令,在"块定义"对话框的"名称"文本框中键入块名称为"粗糙度"。基点在屏幕上指定图9-8所示的1点,对象选择刚才绘制的图形、文

图 9-6 "属性定义"对话框的设置

图 9-7 "编辑属性"对话框

字和属性，按空格键，出现如图 9-7 所示的"编辑属性"对话框，在这个对话框中可以输入属性数值。单击"确定"按钮后表面粗糙度块定义完成。

◇ 注意：属性也可以"不可见"。不可见属性不能显示和打印，但其属性信息存储在图形文件中，并且可以写入提取文件供数据库程序使用。

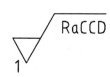

图 9-8 属性定义

9.4 插 入 块

图块包括带属性块的块定义完毕之后，需要调用"插入块"命令将图块插入文件的其他位置。使用"插入块"命令每次可插入单个图块，并为图块指定插入点、缩放比例和旋转角度等参数。

"插入块"命令调用方法有：

- 下拉菜单："插入"→"块"
- 工具栏："绘图"→
- 命令行（快捷命令）：INSERT（I）
- 功能区："默认"→"块"→

进入"插入块"命令后，出现如图 9-9 所示的"插入"对话框，名称下拉列表中列出当前文件中定义的所有图块，或通过"浏览"查找计算机中的块文件，插入图形中。

图块在图形上的位置可通过指定"插入点"来确定，插入的图块可以和原图形一致，也可以调整比例，或旋转一定的角度。

[例 9-3] 将例 9-2 创建的表面粗糙度块插入图 9-10 中的 1、2 两个位置，插入图块结果如图 9-11 所示。

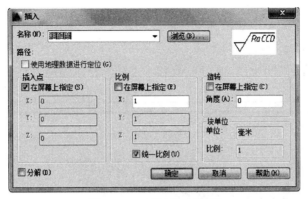

图 9 – 9 "插入"对话框

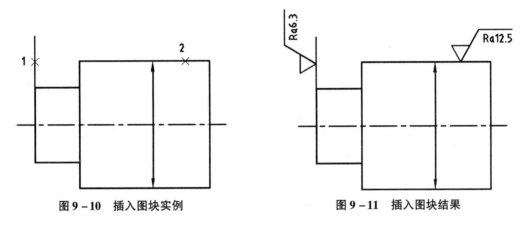

图 9 – 10 插入图块实例   图 9 – 11 插入图块结果

图形分析：

在 2 点插入的图块，属性值为 12.5，是默认的属性值，不需要输入，在 1 点插入的图块需要旋转 90°，并且属性值需要修改为 6.3。

操作过程：

输入"I"，进入"插入块"命令，在出现的"插入"对话框中，"名称"选择已经定义好的"粗糙度"图块，其余选择默认，单击"确定"按钮，到屏幕上指定 2 点完成 $Ra12.5$ 的粗糙度的插入。

按空格，重新进入"插入块"命令，在出现的"插入"对话框中，"名称"选择已经定义好的"粗糙度"图块，旋转角度输入数值"90"，其余选择默认。单击"确定"按钮，到屏幕上指定 1 点后，在出现的"编辑属性"对话框中输入 6.3，单击"确定"按钮后，完成 $Ra6.3$ 的粗糙度的插入。插入两个图块后的完成图如图 9 – 11 所示。

9.5 写 块

"写块"命令将已定义的图块、选定的对象或整个图形保存成文件外部的图块，即以文件的形式保存在磁盘上。通过"插入块"的"浏览"按钮，可以将文件外部的图块调用到图形文件中。

"写块"命令调用方法有：

- 命令行（快捷命令）：WBLOCK（W）
- 功能区："插入"→"写块"

［**例9-4**］ 将如图9-12所示的A3模板文件保存成外部图块。

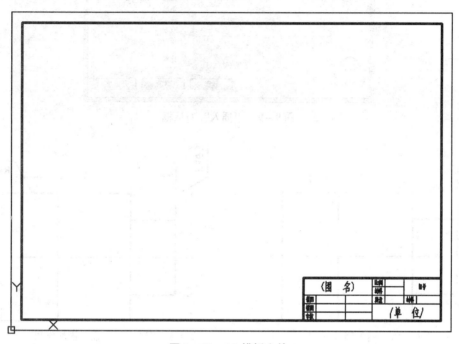

图9-12 A3模板文件

图形分析：

模板文件保存成块文件，可以作为一个整体，通过"插入块"命令插入不同的文件中，完成图纸的调用。

操作过程：

图纸绘制好后，输入W空格，进入"写块"命令，出现如图9-13所示的"写块"对话框。单击"文件名和路径"标签右端按钮 <u>...</u>，出现"浏览图形文件"对话框，为图块指定存放的路径，输入块名为"A3图块"。单击"确定"按钮，完成写块操作。"插入块"时，需要到保存目录下找该图块文件。

◇ 注意："创建块"命令创建的图块保存在图形文件内部，它不是一个单独的文件，一般不能被应用到其他图形文件中。"写块"命令将图块保存为一个单独的文件，该文件可以被任何图形文件使用。

图9-13 "写块"对话框

9.6　图块的编辑

图块绘制完成后，可以对其图形和属性等进行编辑，软件提供了多种方法对图块进行编辑。

9.6.1　图块的属性的修改

带属性的图块的属性可以修改。双击块，会出现如图 9-14 所示的"增强属性编辑器"，其中有属性、文字选项和特性三个选项卡，可以对块属性的数值、文字选项和特性进行修改。

9.6.2　重新定义图块

图块绘制完成后，发现有图形错误，可将其分解、修改后重新定义。重定义的图块名称如果和原图块名相同，会将原图块覆盖。

9.6.3　清理图块

图块创建后，可以将文档中没有应用的图块清理掉。
"清理"命令调用方法有：
- 下拉菜单："文件"→"图形实用工具"→"清理"

进入"清理"命令，出现如图 9-15 所示的"清理"对话框，展开"块"，将显示可以清理的图块的列表，选中需要清理的图块，单击"清理"按钮，完成图块清理。

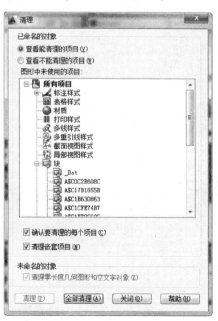

图 9-14　"增强属性编辑器"对话框　　　　图 9-15　"清理"对话框

9.7 小   结

图块在 AutoCAD 中是一个非常重要的概念，即将一组图形或图形、文字、属性定义为一个整体，即图块。图块是图形的高效绘图的一种有效工具。本章介绍图块的概念，创建一般图块、带属性的块的过程，还介绍了插入图块，编辑图块的操作过程。

9.8 本 章 习 题

1. 创建表面粗糙度和基准块，如图 9 – 16 所示，将基准中的字母定义为块的属性。

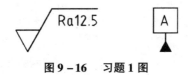

图 9 – 16   习题 1 图

2. 将创建的 A4 模板文件定义为文件外部的块，命名为"A4 图块"。新建一个文件，将"A4 图块"插入当前文件中。

第10章　零　件　图

本章导读

✓ 零件图绘制的一般过程

✓ 轴类零件图绘制

✓ 支架类零件图绘制

✓ 零件图尺寸标注

　　零件图内容包括一组图形、完整的尺寸、技术要求和标题栏，如图 10 – 1 所示。因而用 AutoCAD 绘制零件图，除了绘制图形之外，还要标注完整的尺寸，标注表面粗糙度、尺寸公差、几何公差，书写技术要求等内容。本章介绍用 AutoCAD 绘制零件图，并进行标注。

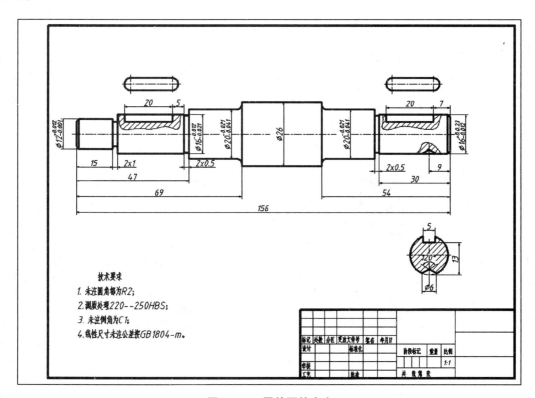

图 10 – 1　零件图的内容

10.1　零件图的绘制的一般过程

要绘制零件图，一般建立模板文件，建立模板文件的详细过程请参照第 6 章的内容。在模板文件中创建需要的图层、文字样式、标注样式和表格样式，并且绘制好图框和标题栏，也可以创建好图块，比如表面粗糙度块、基准块等，调用模板可以实现零件图的标准化过程。模板建好之后，零件图绘制过程为：调用模板文件、绘制零件图的图形，标注尺寸、表面粗糙度、几何公差，书写技术要求填写标题栏。

10.2　绘制阀杆零件图

[例 10 – 1]　绘制如图 10 – 2 所示的阀杆的零件图。

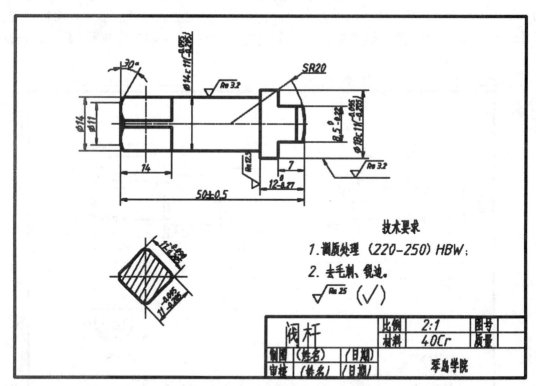

图 10 – 2　阀杆的零件图

图形分析：

先绘制图形，再标注尺寸。阀杆是对称的，因而可以只画一半图形，再进行镜像。图形比较小，采用 2：1 的比例，先按 1：1 绘制，再利用"缩放"命令将图形放大 2 倍。标注时通过修改"标注样式"，将尺寸再缩放回原大小。

操作过程：

① 参照第 6 章内容绘制 A4 模板，图形大小为 297 × 210。

② 绘制中心线，绘制如图 10 - 3（a）所示的阀杆主视图的部分图形。绘制好中心线后，图层切换到"粗实线"层，输入"L"进入"直线"命令，命令行提示如下：

命令：LINE

指定第一个点：（在中心线上捕捉任意一点，可以追踪端点，光标右移，捕捉中心线上一点）

指定下一点或 [放弃（U）]：7（光标上移，出现竖直追踪线时输入 7 空格）

指定下一点或 [放弃（U）]：38（光标右移，出现水平追踪线时输入 38 空格）

指定下一点或 [闭合（C）/放弃（U）]：2（光标上移，出现竖直追踪线时输入 2 空格）

指定下一点或 [闭合（C）/放弃（U）]：5（光标右移，出现水平追踪线输入 5 空格）

指定下一点或 [闭合（C）/放弃（U）]：4.75（光标下移，出现竖直追踪线时输入 4.75 空格）

指定下一点或 [闭合（C）/放弃（U）]：（光标右移，在合适位置单击）

指定下一点或 [闭合（C）/放弃（U）]（空格退出直线命令）

输入 O 空格，进入"偏移"命令，命令行提示如下：

命令：O

OFFSET

当前设置：删除源 = 否　图层 = 源　OFFSETGAPTYPE = 0

指定偏移距离或 [通过（T）/删除（E）/图层（L）] <20.0 >：50（输入偏移距离 50 后空格）

选择要偏移的对象，或 [退出（E）/放弃（U）] <退出 >：（选择左端竖直线）

指定要偏移的那一侧上的点，或 [退出（E）/多个（M）/放弃（U）] <退出 >：（在右边单击一点）

选择要偏移的对象，或 [退出（E）/放弃（U）] <退出 >：（空格退出偏移命令）

绘制完成后的图形如图 10 - 3（a）所示。

③ 绘制如图 10 - 3（b）所示的右端圆弧。

输入 A 空格，进入"圆弧"命令，命令行提示如下：

命令：A

ARC

圆弧创建方向：逆时针（按住 Ctrl 键可切换方向）

指定圆弧的起点或 [圆心（C）]：C（输入 C 激活圆心选项）

指定圆弧的圆心：20（追踪到图 10 - 3（b）中 1 点后，光标左移，出现水平追踪线时，输入 20 空格，确定圆弧的圆心）

指定圆弧的起点：（光标拾取 1 点为圆弧的起点）

指定圆弧的端点或 [角度（A）/弦长（L）]：（向逆时针方向捕捉 2 点作为圆弧的终点）

绘制完成后的图形如图 10 - 3（b）所示。

④ 采用"直线"命令绘制如图 10 - 3（c）所示的辅助直线。

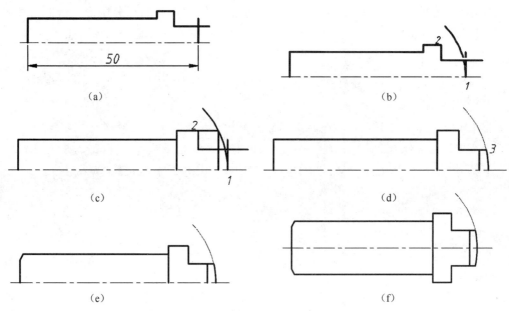

图 10 - 3 绘制阀杆主视图

(a) 绘制直线；(b) 绘制圆弧；(c) 绘制辅助直线；(d) 整理图形；(e) 绘制倒角；(f) 镜像图形

⑤ 采用 "修剪" "删除" "打断于点" 命令整理图形。将圆弧采用 "打断于点" 命令，在 3 点处打断，并将上半部分圆弧转换到细实线层。完成后的图形如图 10 - 3 (d) 所示。

⑥ 绘制如图 10 - 3 (e) 所示的倒角。

输入 CHA 空格，进入 "倒角" 命令，命令行提示如下：

> 命令：_ CHAMFER
> （"修剪" 模式）当前倒角距离 1 = 0.0000，距离 2 = 0.0000
> 　选择第一条直线或 [放弃 (U)/多段线 (P)/距离 (D)/角度 (A)/修剪 (T)/方式 (E)/多个 (M)]：A（输入 A 激活角度选项）
> 　指定第一条直线的倒角长度 <1.5000 >：1.5（输入第一个倒角边的长度 1.5 空格）
> 　指定第一条直线的倒角角度 <30 >：（输入角度值 30 空格）
> 　选择第一条直线或 [放弃 (U)/多段线 (P)/距离 (D)/角度 (A)/修剪 (T)/方式 (E)/多个 (M)]：（选择倒角边竖直线）
> 　选择第二条直线，或按住 Shift 键选择直线以应用角点或 [距离 (D)/角度 (A)/方法 (M)]：（选择倒角边水平线）

倒角绘制完成，如图 10 - 3 (e) 所示。

⑦ 采用 "镜像" 命令绘制如图 10 - 3 (f) 所示的另一半图形。

输入 MI 空格，进入 "镜像" 命令，选中图 10 - 3 (e) 中的粗实线部分，再在点划线的中心线上任取两点作为对称线，保留原图形后绘制出另外一半图形，如图 10 - 3 (f) 所示。

⑧ 按图 10 - 4 的顺序绘制断面图。

绘制中心线后，输入 C 空格，进入 "圆" 命令，命令行提示如下：

命令: _ CIRCLE

指定圆的圆心或 [三点 (3P)/两点 (2P)/切点、切点、半径 (T)]: (指定图 10 – 4 (a) 中心线交点为圆心)

指定圆的半径或 [直径 (D)] <7.0000>: 7 (指定圆的半径为7)

输入 POL, 进入"正多边形"命令, 命令行提示如下:

命令: _ POLYGON

输入侧面数 <4>: (空格, 输入正多边形边数为默认值4)

指定正多边形的中心点或 [边 (E)]: (指定圆心为中心点)

输入选项 [内接于圆 (I)/外切于圆 (C)] <I>: C (输入C, 激活外切于圆选项)

指定圆的半径: @5.5<45 ("动态输入"开启状态下键入5.5<45, 同时指定半径和角度值)

绘制完成的图形如图 10 – 4 (a) 所示。

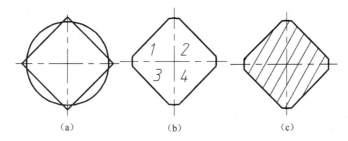

(a)　　　　　　　　　(b)　　　　　　　　　(c)

图 10 – 4　绘制阀杆断面图

(a) 绘制正方形和圆; (b) 修剪图形; (c) 图案填充效果

将其修剪后得到的图形如图 10 – 4 (b) 所示。

输入 H 空格, 进入"图案填充"命令, 在出现的"图案填充和渐变色"对话框中按如图 10 – 5 所示进行设置, "角度"输入 15, "比例"输入 0.5, 单击"添加: 拾取点"按钮, 返回到绘图屏幕中, 在图 10 – 4 (b) 中四个区域内分别单击后, 按空格返回"图案填充"对话框, 单击"确定"按钮, 图案填充完成, 如图 10 – 4 (c) 所示。

⑨ 补全主视图。

在断面图上捕捉偏移的距离, 到主视图上进行偏移。

输入 O 空格, 进入"偏移"命令, 命令行提示如下:

图 10 – 5　图案填充设置

命令：_ OFFSET

当前设置：删除源＝否　图层＝源　OFFSETGAPTYPE＝0

指定偏移距离或 [通过 (T)／删除 (E)／图层 (L)] <6.0>：(指定图 10－6 中的 5 点)

指定第二点：(捕捉 5 点到中心线的垂足)

选择要偏移的对象，或 [退出 (E)／放弃 (U)] <退出>：(选择主视图中的中心线)

指定要偏移的那一侧上的点，或 [退出 (E)／多个 (M)／放弃 (U)] <退出>：(在上侧单击一点)

选择要偏移的对象，或 [退出 (E)／放弃 (U)] <退出>：(空格退出命令)

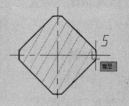

图 10－6　捕捉偏移距离

偏移完成后的主视图如图 10－7 所示。

继续采用"直线"命令绘制其余图形，如图 10－8 所示。

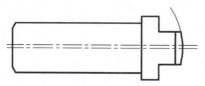

图 10－7　将中心线"偏移"

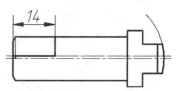

图 10－8　继续绘制主视图

用"圆弧"命令三点绘制圆弧的方法，近似绘制相贯线，如图 10－9 所示。

采用"镜像"命令继续绘制主视图，并"修剪"，完成主视图，如图 10－10 所示。

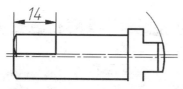

图 10－9　用三点圆弧绘制相贯线

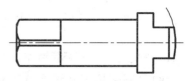

图 10－10　完成后的主视图

⑩ 放大图形。

绘制好的图形复制到 A4 图框中，如图 10－11 所示，图形太小了，采用"缩放"命令将图形放大两倍。采用"移动"调整两个图形的位置，调整好后进行标注尺寸。

⑪ 标注尺寸。

修改尺寸样式。按第 6 章设置"工程"尺寸样式，本例中的图形采用的是 2∶1 的比例，标出来的数值也会相应地放大两倍，这不符合作图的要求，因而要设置 2∶1 的标注样式，方法如下：

输入 D 空格，进入"标注样式"命令，在出现的"标注样式"对话框中选择创建的"工程"样式，单击"新建"按钮，在出现的"创建新标注样式"对话框中重命名为"工程2∶1"，单击"继续"按钮，在出现的"修改标注样式"对话框"主单位"选项卡中，在"测量单位比例"标签下的"比例因子"中输入 0.5，如图 10－12 所示。单击"确定"

按钮，返回"标注样式"对话框，选中"工程 2 : 1"样式，单击"置为当前"按钮，单击
"确定"按钮完成"标注样式"的创建。

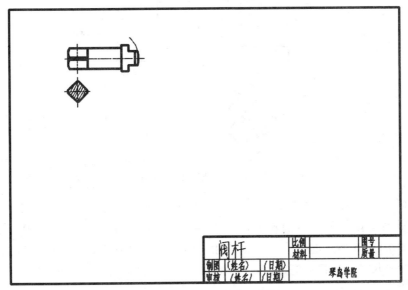

图 10 – 11　将阀杆放置到 A4 图框中

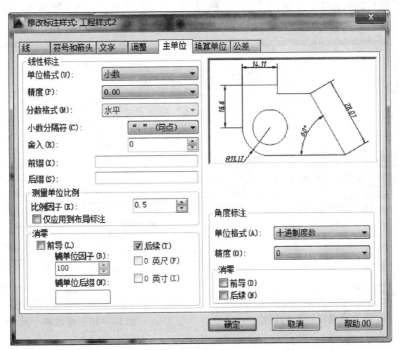

图 10 – 12　设置放大的"标注样式"

　　本例中有不少尺寸公差和偏差。带公差的尺寸可以先用"线性"和"对齐"标注，将
图形初步标注成如图 10 – 13 所示的形式。再用"编辑标注"命令进行修改，相同的尺寸可
以一起修改。

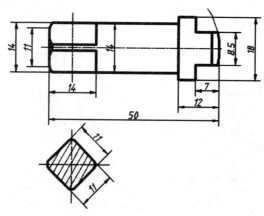

图 10-13 初步标注尺寸

单击"标注"工具栏"编辑标注"图标，单击"新建"选项，出现如图 10-14 所示的文字在位编辑器，在紫色符号前输入%%C，在紫色符号后输入 c11（-0.095^-0.205）后，弹出如图 10-15 所示的"自动堆叠特性"对话框，单击"确定"按钮后，到屏幕上选择 14 和 18 两个尺寸，空格后完成的尺寸标注如图 10-16 所示。

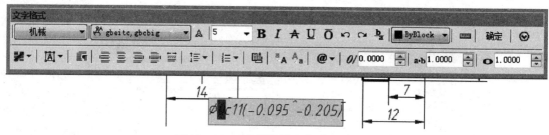

图 10-14 "编辑标注"标注尺寸公差

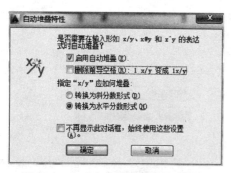

图 10-15 "自动堆叠特性"对话框

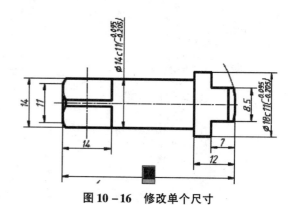

图 10-16 修改单个尺寸

修改一个尺寸可以采用 DDEDIT 命令，快捷键为 ED。输入"ED"空格，选中尺寸 50，如图 10-16 所示。尺寸 50 紫色高亮显示，可以对 50 尺寸进行注释编辑，在 50 后键入"%%P0.5"，完成 50±0.5 尺寸标注。继续选择下一个尺寸进行修改。用相同的方法完成其他尺寸的编辑和修改。

按第 6 章内容创建表面粗糙度块，将表面粗糙度块插入图形中，完成表面粗糙度的标注。书写技术要求，填写标题栏，得到如图 10-2 所示的图形。

10.3 绘制支架的零件图

[例10-2] 绘制如图10-17所示的支架零件图。

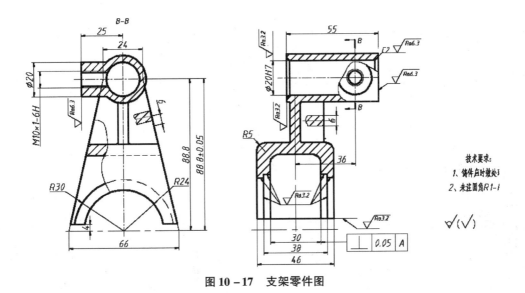

图 10-17 支架零件图

图形分析:

先对支架进行形体分析,绘制支架图形,再标注尺寸,标注表面粗糙度块,书写技术要求,完成全图。

操作过程:

① 调用 A3 模板,方法同例 7-1。

② 绘制轴承部分,如图 10-18 所示。

③ 绘制注油凸台视图,如图 10-19 所示。

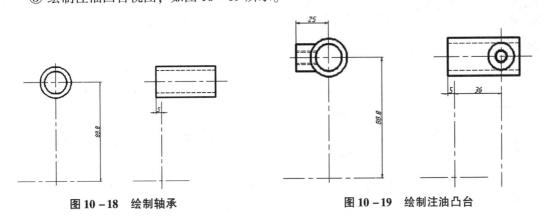

图 10-18 绘制轴承   **图 10-19 绘制注油凸台**

④ 将两个视图改为剖视图,如图 10-20 所示。左视图的局部剖的剖切线用"样条曲线"命令绘制。

⑤ 绘制底座和支承板,如图 10-21 所示。

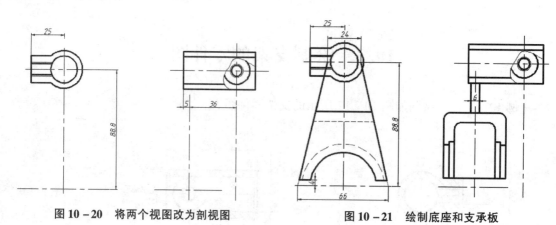

图 10-20 将两个视图改为剖视图   图 10-21 绘制底座和支承板

⑥ 绘制细节，如图 10-22 所示。绘制主视图支承板不可见的部分、左视图倒角、圆角和修剪图线。

⑦ 绘制肋板，如图 10-23 所示。

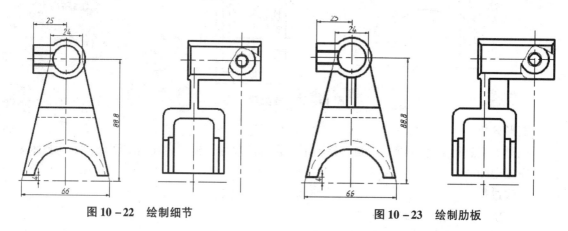

图 10-22 绘制细节   图 10-23 绘制肋板

⑧ 绘制主视图局部剖断裂边界和主左视图上的重合断面图，如图 10-24 所示。

⑨ 使用"图案填充"填充剖视图区域。填充的区域比较多，可以分多次填充。填充后的图形如图 10-25 所示。

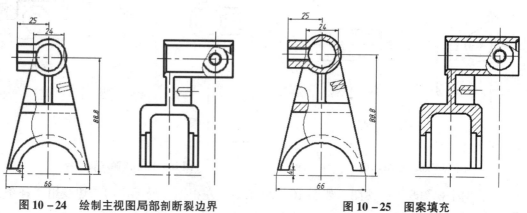

图 10-24 绘制主视图局部剖断裂边界   图 10-25 图案填充
和主左视图上的重合断面图

⑩ 初步标注尺寸。

⑪ 标注几何公差。

⑫ 创建表面粗糙度块，并将粗糙度块插入图形中。

⑬ 书写技术要求，完成全图，如图 10 – 26 所示。

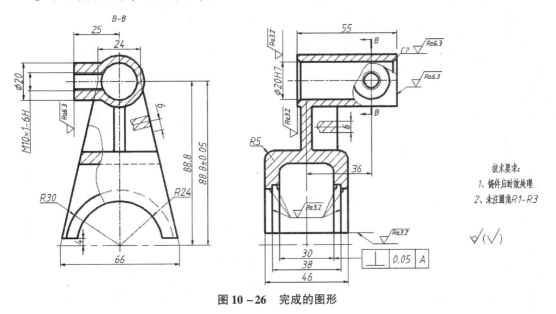

图 10 – 26 完成的图形

10.4 小 结

本章介绍了零件图绘制的一般过程。绘制零件图首先要定制模板，模板文件的定制详见第 6 章内容。模板定制好后，首先要调用模板，再进行绘图。本章通过两个实例详细地介绍了各种零件图的绘制方法、尺寸标注、几何公差标注、尺寸公差标注方法，以及技术要求的书写等内容。

10.5 本 章 习 题

1. 绘制如图 10 – 27 所示的轴的零件图，并标注尺寸。比例和图幅自定。

2. 绘制如图 10 – 28 所示的阀体的零件图，并标注尺寸。比例和图幅自定。

3. 绘制如图 10 – 29 所示的轴套的零件图，并标注尺寸、几何公差表面粗糙度。

4. 绘制如图 10 – 30 所示的轴的零件图，并标注尺寸、几何公差表面粗糙度。

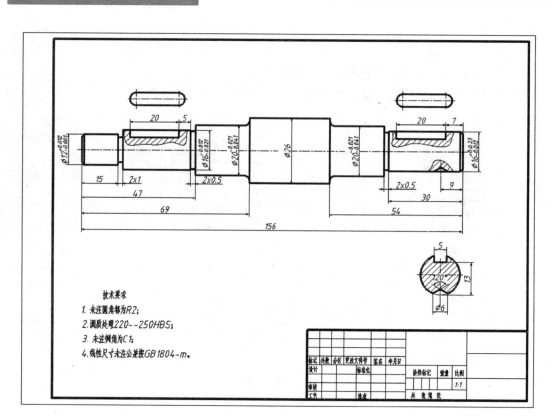

图 10 - 27　轴的零件图

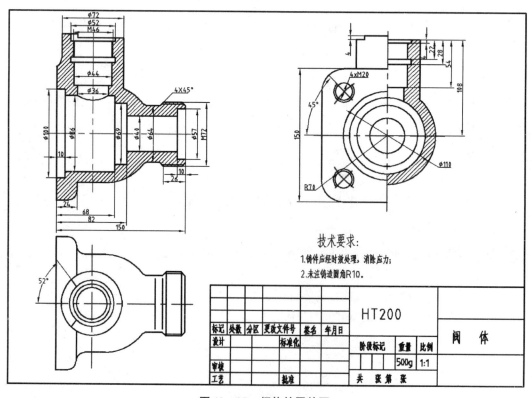

图 10 - 28　阀体的零件图

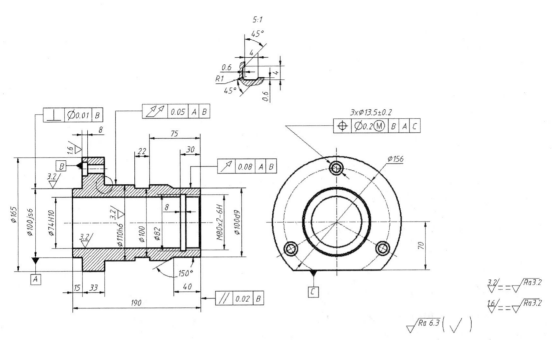

图 10−29　轴套零件图

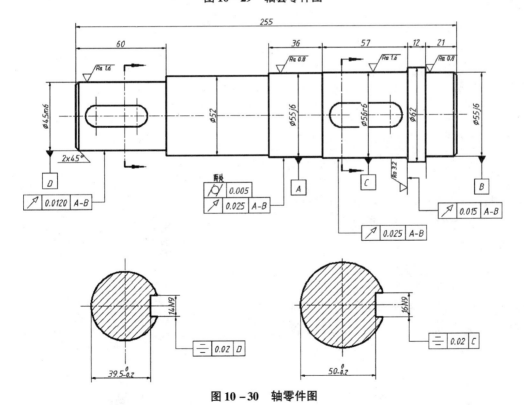

图 10−30　轴零件图

第11章 装 配 图

本章导读

✓ 装配图概述

✓ 装配图绘制的一般过程

✓ 利用图块绘制装配图

✓ 利用工具选项板绘制装配图

✓ 设计中心的使用

　　装配图是表示产品及其组成部分的连接、装配关系的图样。表明机器或部件的装配关系、工作原理、结构形状、技术要求等内容。装配图分为总装配图和部件装配图。表示一台完整机器的图样，称为总装配图，表示一个部件的图样，称为部件装配图。装配图和零件图一样，也是一种重要的技术文件。本章介绍用 AutoCAD 利用图块、工具选项板、设计中心等方法绘制装配图的技巧。

11.1　根据零件图拼画装配图

　　如果装配图中的非标准件的零件图都已经绘制完毕，可以利用零件图拼画装配图，提高绘图速度。

　　[例11-1]　　根据图 11-1 的轴测图和图 11-2～图 11-5 的各个零件图，绘制所示手压阀的装配图。

　　图形分析：

　　手压阀是吸进和排出液体的一种手动阀门。当握住手柄 2 向下压紧阀杆 4 时，阀杆压缩弹簧 8 向下移动，入口开通，此时液体排出；当手柄抬起时，弹簧松开，阀杆向上紧固阀体，液体则不再通过。

　　操作过程：

　　① 调用 A3 模板，根据图 11-3 所示的阀体零件图，绘制如图 11-6 所示的图形，不标注尺寸、不绘制剖面线。如果已经绘制好完整的阀体零件图，可以将标注尺寸和剖面线所在的图层冻结显示为如图 11-6 所示的形式。

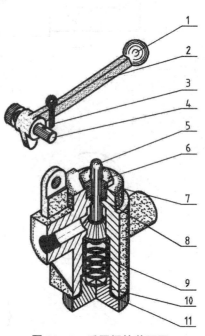

图 11-1　手压阀的装配图

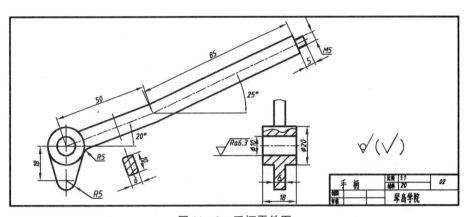

图 11 - 2　手柄零件图

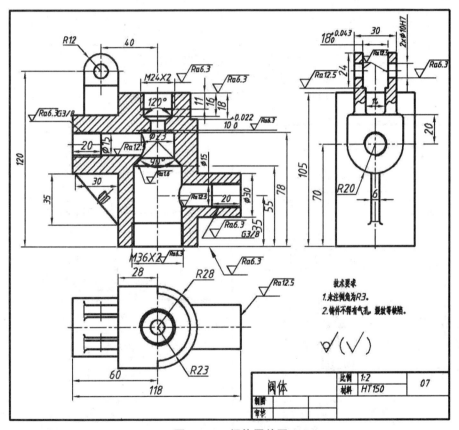

图 11 - 3　阀体零件图

② 根据图 11 - 4 绘制 04 号零件阀杆主视图，并将其将阀杆旋转 90°，绘制完成后的图形如图 11 - 7 所示。绘制完成后，选中绘制好的图形，输入 B 空格，进入"图块"命令，在"块定义"对话框中，块名为"04"，基点位置指定在图 11 - 7 中夹点所在位置，图块定义完毕。输入 I 空格，进入"插入块"命令，将图块"04"插入图 11 - 6 中，插入的位置如图 11 - 8（a）所示。根据两个零件的遮挡关系，修剪图形，得到如图 11 - 8（b）所示的图形。

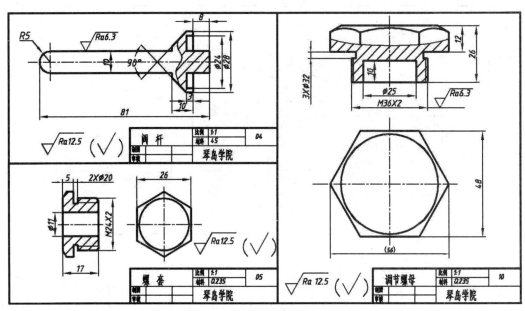

图 11 - 4 阀杆、螺套、调节螺母零件图

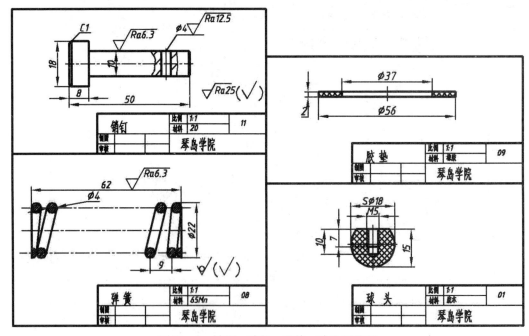

图 11 - 5 销钉、胶垫、弹簧、球头零件图

◇ 注意：将图形定义为块，是为了修改图形方便。如果图形错误，可以直接将阀杆"移动"出来。当图形修改完毕之后，再将图块分解。

③ 装配 09 号垫圈和 10 号调节螺母。

绘制 09 号垫圈和 10 号调节螺母的主视图，如图 11 - 9 所示，并分别定义为块，块名分别为"09"和"10"。基点位置按如图 11 - 9 所示的夹点位置指定。

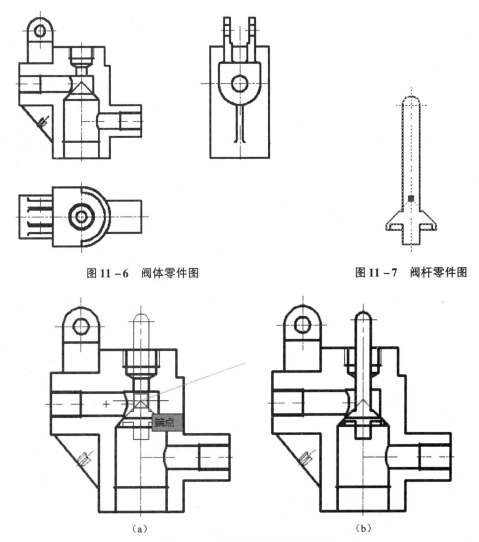

图 11 - 6　阀体零件图　　　　　　　　　　　图 11 - 7　阀杆零件图

图 11 - 8　装配关系及修剪后图形

（a）插入位置；（b）修剪图形

输入 I 空格，进入"插入块"命令，将 09 号垫圈装配到阀体下面，如图 11 - 10 所示。垫圈上表面和阀体下表面重合。

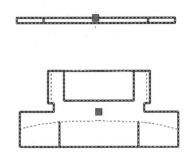

图 11 - 9　垫圈和调节螺母基点位置

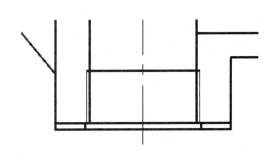

图 11 - 10　垫圈装配到阀体

输入 I 空格，进入"插入块"命令，将 10 号调节螺母装配到垫圈下面，如图 11-11 所示。调节螺母的基点，将其放置在垫圈下表面。

将 09 号垫圈和 10 号调节螺母图块分解，将图形修剪成如图 11-12 所示。

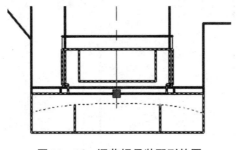 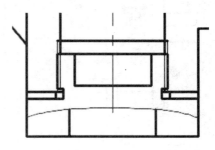

图 11-11　调节螺母装配到垫圈　　　　　图 11-12　图形修剪后

④ 装配 08 号弹簧。

装配完 04、09、10 号三个零件后的主视图如图 11-13 所示。测量图示的尺寸为 56，这个空间放置弹簧，弹簧的原长为 62，因而弹簧在此为压缩弹簧。在绘制弹簧零件时，要将它的总长缩短为 56，绘制好的弹簧如图 11-14 所示，并将其定义为块，块名为"08"，基点如图 11-15 所示。

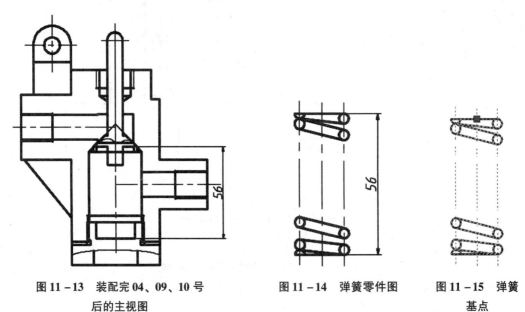

图 11-13　装配完 04、09、10 号　　　图 11-14　弹簧零件图　　图 11-15　弹簧
　　　　　后的主视图　　　　　　　　　　　　　　　　　　　　　　　基点

将 08 号弹簧放入主视图内，放置完成后如图 11-16 所示。根据弹簧阀杆和调节螺母的遮挡关系修剪图形，如图 11-17 所示。

◇ 注意：弹簧的上表面和 04 号件阀杆接触，弹簧下表面和 10 号件调节螺母接触。确保各零件位置放置正确后，将 04 号件阀杆、10 号件调节螺母和 08 号件弹簧分解。

⑤ 装配 06 号件螺套。

将绘制的 06 号件螺套主视图旋转至图 11-18 所示位置，并定义为块，块名为"06"，基点位置指定在夹点位置。将其装配在阀体上方，如图 11-19 所示。螺套的表面与阀体表

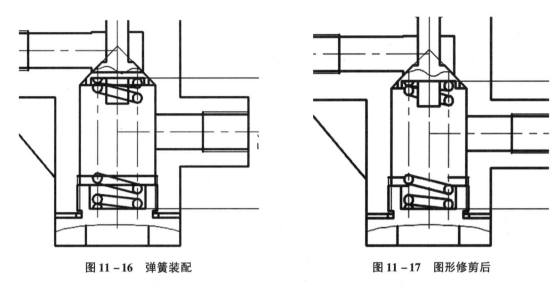

图 11 - 16   弹簧装配   图 11 - 17   图形修剪后

面接触，确保位置放置正确后，将 06 号件螺套分解，根据 04 号阀杆、06 号螺套和 07 号阀体之间的遮挡关系修剪图形，如图 11 - 20 所示。

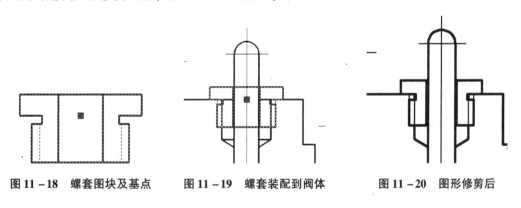

图 11 - 18   螺套图块及基点   图 11 - 19   螺套装配到阀体   图 11 - 20   图形修剪后

⑥ 装配手柄。

绘制 01 号球头和 02 号手柄，如图 11 - 21（a）和图 11 - 21（b）所示。

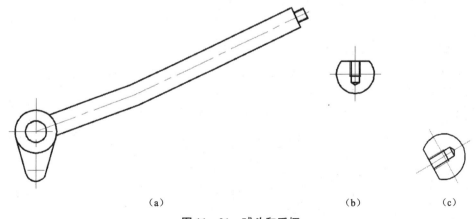

（a）   （b）   （c）

图 11 - 21   球头和手柄

（a）手柄；（b）球头；（c）旋转后的球头

用"旋转"参照选项将01号球头旋转到图11-21（c）所示位置，即与手柄连接处中心线平行。

将02号手柄和01号球头装配在一起，保证两个面完好接触。根据遮挡关系，修剪后的图形如图11-22所示。

将装配好的图形定义为块，块名为"0102"，基点如图11-23所示。

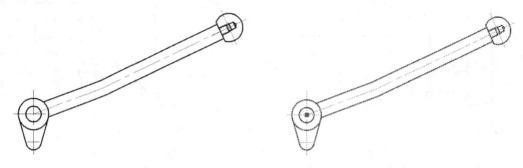

图11-22　手柄装配图　　　　　　　　　　　　　图11-23　手柄装配图基点

将装配件0102装配到图示位置，图形放大后发现手柄和阀杆并不接触，如图11-24所示，这不符合物理原理，因而在装配图上需要将手柄整体旋转至与阀杆接触，绘制过程如下。

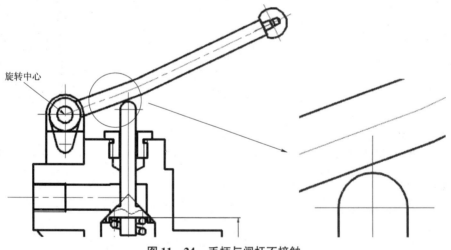

图11-24　手柄与阀杆不接触

a. 将阀杆上部圆弧偏移距离5，得到图示11-25所示的圆弧。

b. 旋转手柄装配件0102的中心线与绘制的圆弧相切即可，如图11-26所示。输入RO进入"旋转"命令，命令行提示如下：

```
命令：_ROTATE
UCS 当前的正角方向： ANGDIR = 逆时针　 ANGBASE = 0
选择对象：指定对角点：找到1个
选择对象：（选择0102号手柄装配件）
指定基点：（指定图11-24中手柄装配件圆心为旋转基点）
指定旋转角度，或［复制（C）/参照（R）］<120 >：R（输入R，激活参照选项）
```

指定参照角 <205 >:（选择圆心）
指定第二点：（在中心线上选择一点）
指定新角度或 [点（P）] <0 >:_tan 到（捕捉与新绘制的圆弧相切）

旋转后手柄装配件 0102 便与阀杆上表面接触，如图 11 - 26 所示。将作的辅助圆弧删除。

图 11 - 25　阀杆上部圆弧偏移

图 11 - 26　中心线与绘制的圆弧相切

⑦ 绘制其他视图。

用相同的方法绘制左视图和 A 向视图，如图 11 - 27 所示，注意各个零件之间的安放位置和相互之间的遮挡关系。

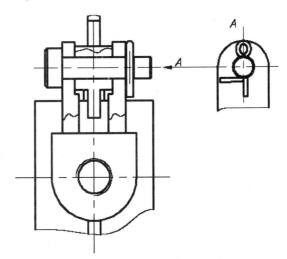

图 11 - 27　左视图和 A 向视图

⑧ 绘制剖面线。

装配图中绘制的剖面线都放置在专门的图层中，以方便统一管理。根据各零件空白大小和装配图剖面线填充规则填充主视图剖面线，如图 11 - 28 所示。其中垫圈涂黑，金属为 45°斜线，非金属为网状，相邻的零件剖面线方向尽量保证相反。

⑨ 绘制序号、标题栏和明细栏。

利用"多重引线样式"将多重引线终端设置成小点，利用"多重引线"命令引线，绘制序号，按照顺序排列整齐。明细栏按从下到上的顺序依次书写，写上相关技术要求，完成全图，如图 11 - 29 所示。

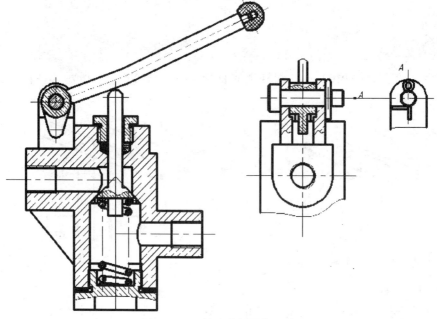

图 11-28　填充主视图剖面线

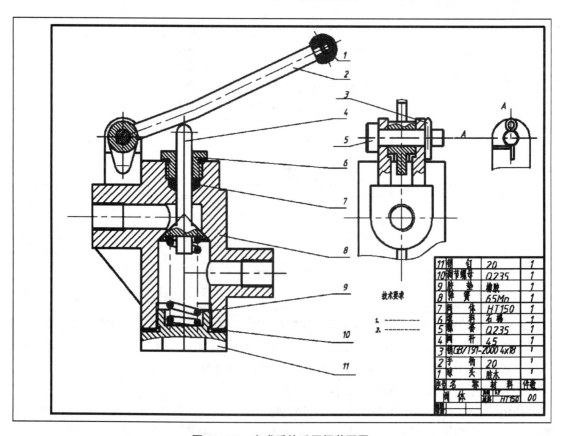

图 11-29　完成后的手压阀装配图

11.2　利用工具选项板、设计中心绘制装配图

　　工具选项板是在以选项卡形式的窗口中整理块、图案填充和自定义工具，可以通过在"工具选项板"窗口的各区域单击鼠标右键时显示的快捷菜单访问各种选项和设置。用户可以通过设计中心将自定义的图块拖动到工具选项板中进行调用，从而提高绘图效率。

11.2.1　工具选项板的基本操作

　　工具选项板是 AutoCAD 中非常有用的工具。可以用来组织图块、命令、填充图案等工具，使用方便、快捷。

　　"工具选项板"调用方法有：

- 下拉菜单："工具"→"选项板"→"工具选项板"
- 命令行（快捷命令）：TOOLPALETTES（TOOLP）/Ctrl + 3
- 工具栏："标准"→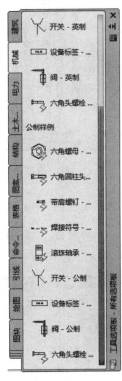
- 功能区："视图"→

　　进入"工具选项板"命令，会出现如图 11 - 30 所示的工具选项板。

　　工具选项板有多个选项卡，包括机械、电力、土木等各个行业的常用图库和命令、建模、注释、表格、约束等工具选项卡。用鼠标右键单击选项卡上的标题栏，会出现如图 11 - 31 所示的快捷菜单，可以对选项卡进行一些移动、大小、关闭等基本操作，以及打开一些默认选项卡中没有的选项卡，比如引线选项卡等。

　　用鼠标右键单击选项卡区域，会出现如图 11 - 32 所示的快捷菜单，可以对各选项卡进行上下移动、新建、删除、重命名等操作。单击"新建选项卡"，会添加一个新的选项卡，用户可以对它进行重命名，这样就添加了一个自定义的选项板，但是是空的。

　　用户可以利用设计中心，将自己创建的图块拖到工具选项板中，利用这一点可以绘制装配图。

图 11 - 30　工具选项板

11.2.2　设计中心的基本操作

　　设计中心用来管理和插入块、外部参照和填充图案等内容。

　　"设计中心"调用方法如下：

- 下拉菜单："工具"→"选项板"→"设计中心"
- 命令行（快捷键）：ADCENTER/Ctrl + 2

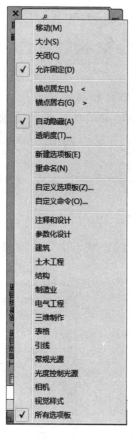

图 11 – 31 选项卡标题栏快捷菜单

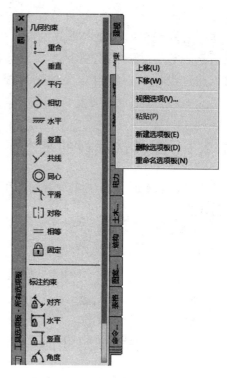

图 11 – 32 选项卡区域快捷菜单

- 工具栏: "标准" →
- 功能区: "视图" →

进入 "设计中心" 命令, 会出现如图 11 – 33 所示的 "设计中心" 选项板。

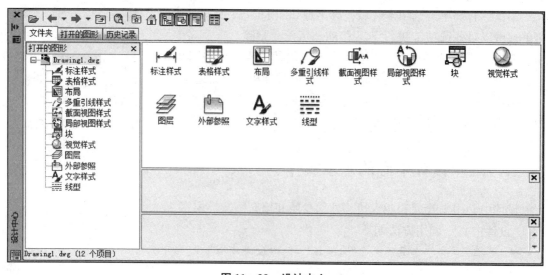

图 11 – 33 设计中心

选项板左侧的树状图可以浏览内容的源，包括文件夹、打开的图形、历史记录文件夹等，与 Windows 的资源管理器作用相似。"文件夹""打开的图形"和"历史记录"这三个选项帮助用户快速追溯到可用文件。

选项板右边为显示内容区，可以显示图形文件的标注样式、表格样式、文字样式、块等内容。通过设计中心可以复制其他文件的标注样式、文字样式、图层、块等内容到当前文档中，而不必重新建立，从而大大减少重复性的劳动。

在左边树形区域文件夹选项卡中找到安装目录："\Sample\zh-CN\DesignCenter\Fasteners-Metric"，双击"块"后，右边内容区会出现如图 11-34 所示的"Fasteners-Metric"文件中的图块，双击其中一个图块，便会出现如图 11-35 所示的"插入"对话框，便能将选中图块插入当前图形中。

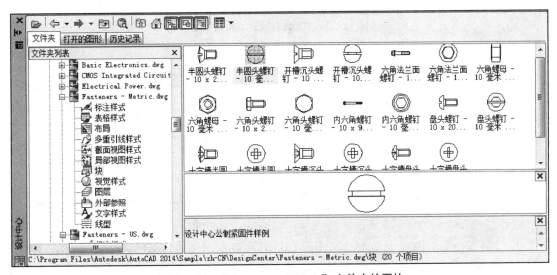

图 11-34 "Fasteners-Metric" 文件中的图块

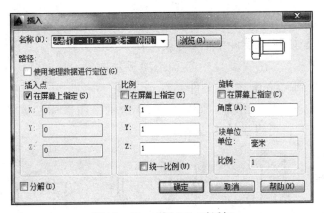

图 11-35 "插入" 对话框

拖动"设计中心"中的图块等内容，可将其放置到工具选项板中，如图 11-36 所示。因而用户可以将常用的图块以图库的形式分类放置在工具选项板中，下次打开 AutoCAD 时，工具选项板上的内容仍然保留，因而给作图提供方便。

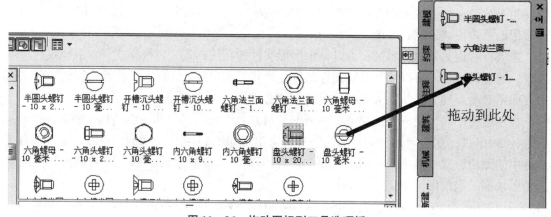

图 11 –36　拖动图标到工具选项板

11.2.3　利用设计中心和工具选项板绘制装配图

[**例 11 –2**]　利用设计中心和工具选项板绘制如图 11 –37 所示的螺栓连接的图样，该图样共有左边机体、右边机体、螺栓、垫圈、螺母 5 个零件组成。

图形分析：

将 5 个零件定义为块，通过设计中心将图块拖动到工具选项板中，在工具选项板中进行图块调用，绘制装配图。

操作过程：

① 绘制 5 个零件图并定义为块，图形、块名和基点位置分别如图 11 –38 所示。图中夹点的位置为各图块的基点的位置。

② 通过设计中心将图块拖动到工具选项板中。

按 Ctrl + 2 组合键打开"设计中心"，按 Ctrl + 3 组合键打开"工具选项板"。在"设计中心"选项板左边"打开的图形"中找到"装配图"文件，双击"块"，

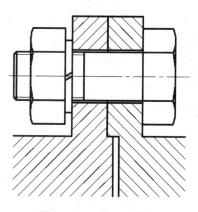

图 11 –37　装配图样例

显示区出现已经定义好的五个图块，如图 11 –39 所示，用鼠标左键将其依次拖动到工具选项板中。拖过去之后，可将设计中心关闭。

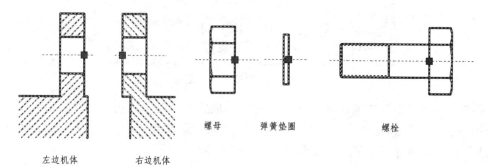

左边机体　　　右边机体　　　螺母　　弹簧垫圈　　　螺栓

图 11 –38　将各个零件定义为图块

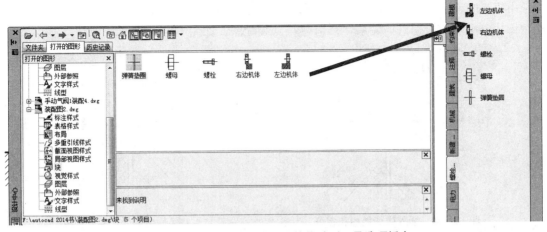

图 11-39　在设计中心中将图块拖动到工具选项板中

③ 用工具选项卡中的图块绘制装配图。

绘制左边机体。单击"左边机体"后，在屏幕上单击一点，在屏幕上绘制如图 11-40 所示的左边机体。

绘制右边机体。单击"右边机体"后，指定插入点与"左边机体"的基点重合，得到如图所示 11-41 的图形。

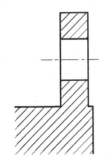

图 11-40　插入左边机体

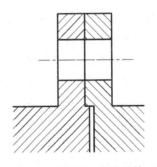

图 11-41　插入右边机体

绘制螺栓。单击"螺栓"后，指定插入点与图中 1 点重合，得到如图 11-42 所示的图形后，将图块"左边机体"和"右边机体"分解。根据遮挡关系"修剪"中间图线后，得到如图 11-43 所示的图形。

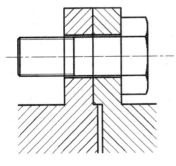

图 11-42　插入螺栓

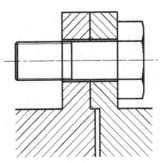

图 11-43　修剪左右机体

绘制螺母垫圈。

用相同的方法，将"垫圈"和"螺母"图块插入图形中，如图 11 – 44 所示。将"螺栓"图块分解后，根据遮挡关系"修剪"得到装配图，如图 11 –45 所示。

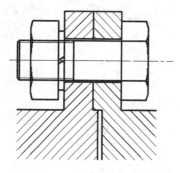

图 11 –44　插入弹簧垫圈和螺母

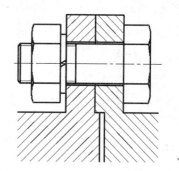

图 11 –45　修剪螺栓，完成全图

◇ 注意：图块放置在工具选项板中，无论在哪个文件中，只要打开"工具选项板"，就可以调用其中的图形库。

11.3　小　　结

本章介绍用 AutoCAD 软件绘制装配图的一般过程。一般利用图块命令将零件的某一个视图定义为块，以方便图形确定位置。保证位置正确后，将图块分解后对图形进行编辑，得到相应的装配图形。不定义图块也可以绘制装配图，但是一般不建议这样做，因为一旦位置放置错误，图形很难移出来。工具选项板和设计中心对装配图的绘制有很大帮助，特别是有些图形在其他文件中已经定义成图块，可以直接通过设计中心追溯到该文件，读取文件中的图块，从而插入其他图形中。也可以通过设计中心将常用的图块拖动到工具选项板中，以供随时调用。另外，工具选项板中提供各个行业如机械、电力、建筑等图库，用户可根据需求调用，用来提高绘图效率。

11.4　本 章 习 题

1．绘制手压阀的装配图。

绘制如图 11 –46 所示的各视图，并将其定义为块，用"设计中心"和"工具选项板"绘制装配图，绘制好的装配图如图 11 –47 所示。

2．根据零件图拼画机用虎钳装配图。

根据如图 11 –48 所示的机用虎钳装配示意图和如图 11 –49 ~ 图 11 –52 所示的各个零件图，拼画如图 11 –53 所示的机用虎钳装配图。

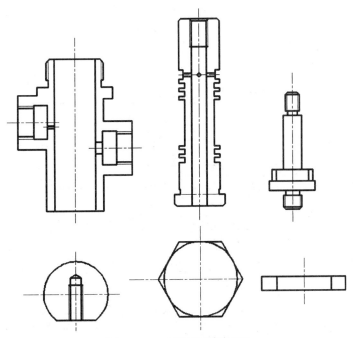

图 11 - 46　手压阀的零件图

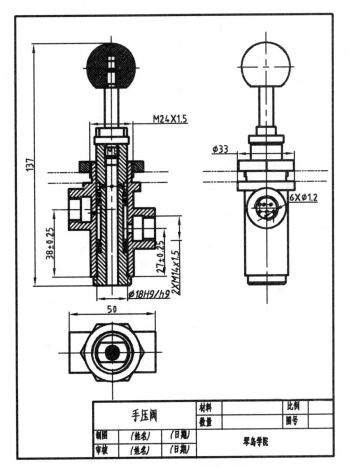

图 11 - 47　手压阀的装配图

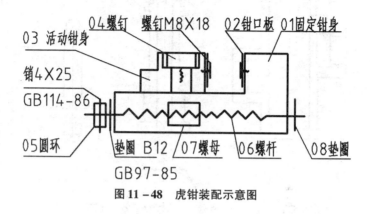

图 11-48　虎钳装配示意图

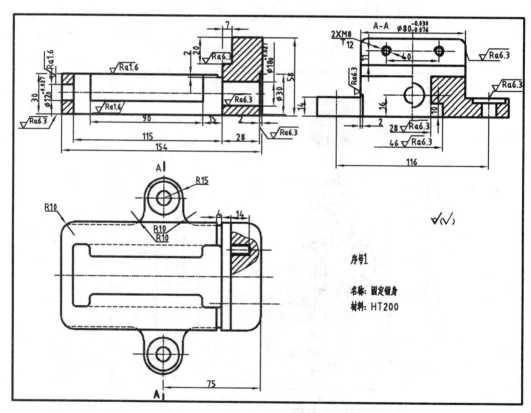

图 11-49　固定钳身零件图

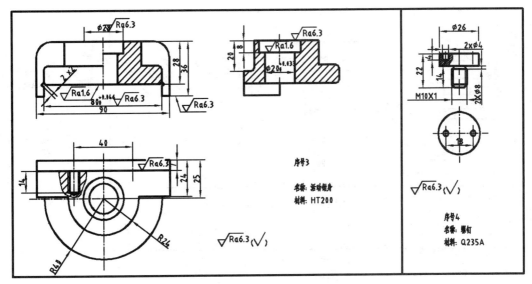

图 11 – 50　活动钳身和螺钉零件图

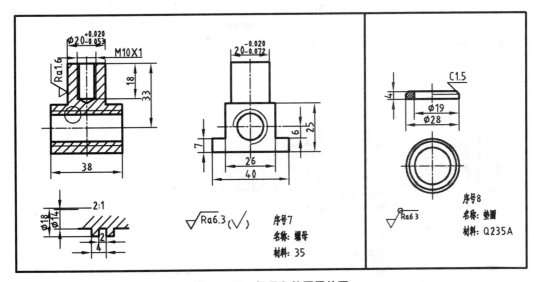

图 11 – 51　螺母和垫圈零件图

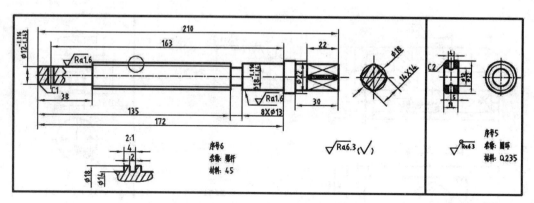

图 11 – 52　螺杆和圆环零件图

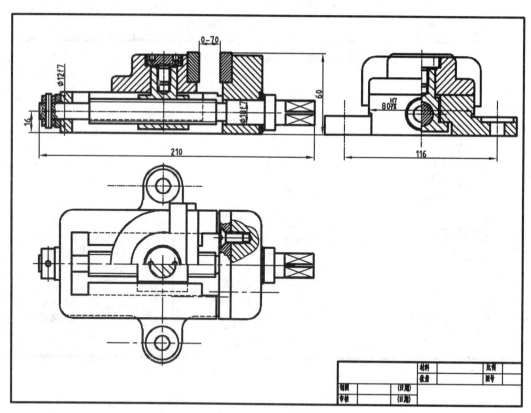

图 11 – 53　机用虎钳装配图

第 12 章　图形打印和输出

本章导读
✓ 图形打印和输出工具
✓ 在模型空间下打印文件
✓ 在图纸空间下打印文件

图形绘制是在模型空间下进行的，如果只需要打印对照图，不需要对图形进行排版，可以直接在模型空间下打印。如果对打印有排版的要求，就必须到图纸空间下打印。本章介绍在模型空间和图纸空间打印的过程，以及图纸与图纸集的输出。

12.1　图形打印和输出工具简介

对于简单图形，不需要排版，可以在模型空间直接打印，方便快捷。如果对打印的图形有排版的要求，就需要到图纸空间进行排版后打印。打印工具存在于"AutoCAD 经典"界面的"文件"菜单栏，以及"草图与注释"中的"输出"选项卡上，如图 12 – 1 所示；另外，在 AutoCAD 的系统菜单上也有"打印"和"输出"级联菜单，如图 12 – 2 和图 12 – 3 所示。

图 12 – 1　"输出"选项卡

打印各命令在功能区的图标、中英文命令名和作用见表 12 – 1。

图 12-2 "打印"级联菜单

图 12-3 "输出"级联菜单

表 12 – 1　打印各命令在功能区的图标、中英文命令名和作用

工具图标	中文名称	英文名称	作用
	打印	PLOT 或 Ctrl + P	将图形打印到绘图仪、打印机或打印成其他格式文件
	发布	PUBLISH	将图形发布为电子图纸集（DWF、DWFx 或 PDF 文件），或者将图形发布到绘图仪
	预览	PREVIEW	显示图形在打印时的外观
	页面设置管理器	PAGESETUP	控制每个新布局的页面布局、打印设备、图纸尺寸及其他设置
	查看详细信息	VIEWPLOTDETAILS	显示关于当前任务中已完成的打印和发布作业的信息
	绘图仪管理器	PLOTTERMANAGER	显示绘图仪管理器，从中可以添加或编辑绘图仪配置
	输出	EXPORTDWFX	创建一个 DWF、DWFx 或 PDF 文件，并允许根据图纸的基本情况在图纸上设置单独的页面设置替代

12.2　在模型空间打印

打印图形，需要调用"打印"命令。"打印"对图形进行设置，即选择打印机、打印页面、设置图形比例等操作。

"打印"命令调用方法有：

- 下拉菜单："文件"→"打印"
- 命令行（快捷键）：PLOT（Ctrl + P）
- 工具栏："标准"→
- 功能区："输出"→

[例 12 – 1]　在模型空间打印如图 12 – 4 所示的轴的零件图，用以检查图形。

图形分析：

打印对照图，对图形没有排版的要求，可以直接在模型空间下打印。

操作过程：

输入 Ctrl + P，进入"打印"命令后，出现"打印 – 模型"对话框，进行如图 12 – 5 所示的设置。

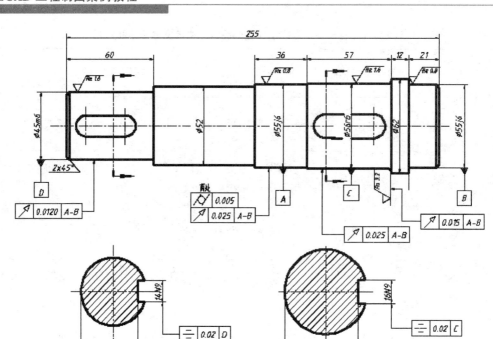

图 12 - 4　要打印的轴的零件图

在"打印机/绘图仪"列表中选择计算机连接的打印机，如果没有连接打印机，可以选用 DWF6 ePlot. pc3；"图纸尺寸"列表中选择一个图纸尺寸，这里选 A4；"打印范围"下拉列表中选择"窗口"后，返回到绘图屏幕上拾取两点（两点之间包含的矩形区域就是要打印图形范围）；选中"居中打印"复选框；"打印比例"选中"布满图纸"；根据图形的方向，选择"横向"，单击"预览"按钮后，出现如图 12 - 6 所示的"打印预览"界面。如果对预览效果满意，可以单击"打印"按钮打印。如果对预览效果不满意，可以关闭预览界面，调整后再打印。

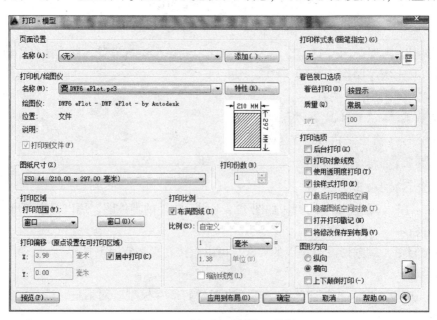

图 12 - 5　"打印 - 模型"对话框

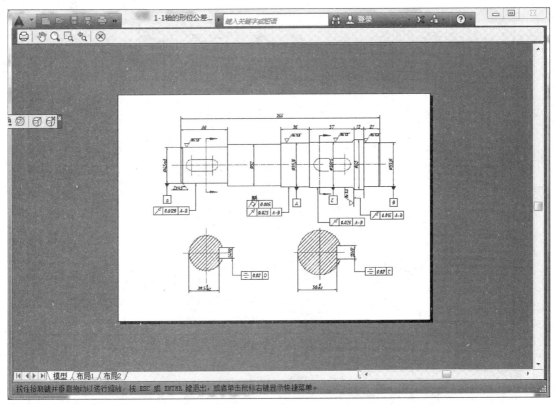

图 12 – 6 打印预览效果

12.3 在图纸空间打印

模型空间用来绘制图纸，图纸空间一般进行图纸的打印输出。很多打印功能在模型空间里面很难实现。本节介绍在图纸空间打印的详细过程。

12.3.1 在图纸空间打印的一般过程

在模型空间中的图样按1∶1绘制后，如果需要进行排版打印，需要切换到图纸空间进行布局设置。在图纸空间的布局内创建视口并调整，安排要输出的图纸，调整合适的打印比例，移动、放缩以调整布局中图形。布局设置完毕后进行打印预览，检查有无错误。如有错误，返回继续调整，没有错误即可打印出图。

12.3.2 打印实例

[例 12 – 2] 把图 12 – 4 所示的轴打印成如图 12 – 7 所示的样例。

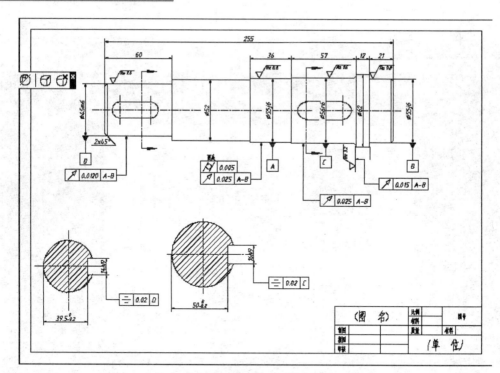

图 12-7 打印示例

图形分析:

由于该打印有排版的要求,各个图样的相对位置发生改变,因而在模型空间不能实现该打印效果,需切换到图纸空间,利用"视口"调整各图形的相对位置。

操作过程:

① 切换到图纸空间,界面显示如图 12-8 所示,图纸空间默认为 A4 纸,里面有一个默认的视口(viewport),选中该视口将其删除。

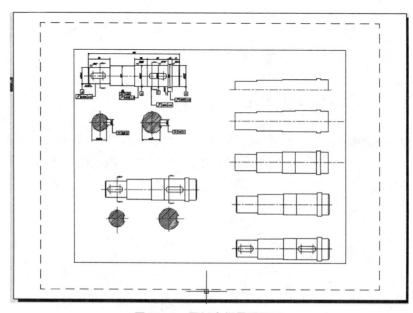

图 12-8 图纸空间界面显示

② 进行页面设置。

页面设置需调用"页面设置管理器"。

"页面设置管理器"的调用方法有：

- 下拉菜单："文件"→"页面设置管理器"或"系统菜单"→"打印"→"页面设置"
- 命令行：PAGESETUP
- 功能区："输出"→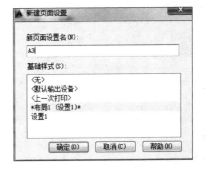

进入"页面设置管理器"命令，出现如图 12 - 9 所示"页面设置管理器"对话框，单击"新建"按钮，出现如图 12 - 10 所示的"新建页面设置"对话框，"新页面设置名"输入"A3"，单击"确定"按钮，出现"页面设置 - 布局 1"对话框，"打印机名称""图纸尺寸""打印范围"按图 12 - 11 进行设置，单击"确定"按钮完成页面设置。

图 12 - 9　"页面设置管理器"对话框　　　　**图 12 - 10　"新建页面设置"对话框**

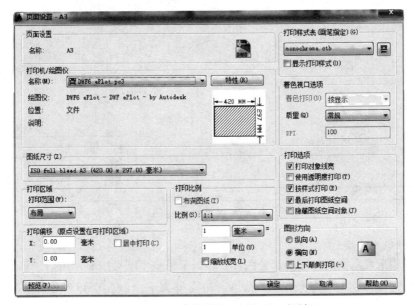

图 12 - 11　"页面设置 - 布局 1"对话框

③ 插入外部图块"A3 图块"。

调用"插入块"命令，在出现的"插入"对话框中，如图 12 – 12 所示，单击"浏览"按钮，找到桌面上的 A3 图块，取消插入点"在屏幕上指定"复选框，即指定坐标（0，0，0）为插入点，单击"确定"按钮后，界面显示如图 12 – 13 所示。

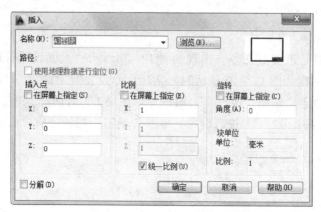

图 12 – 12　"插入"对话框设置

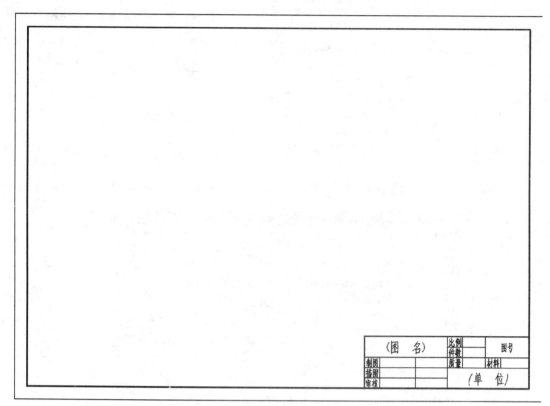

图 12 – 13　调用图纸图块结果

④ 用视口布置图形。

视口可以用来显示需要打印的部分图形，相当于是一个图形的显示窗口。单击如图 12 – 14 所示的"视口"工具栏的"单个视口"　，可在屏幕上绘制一个矩形视口。视口可以有两种操作状态：

图 12 - 14　视口工具栏

a. 视口激活的状态。

双击视口内任何一点，可以激活视口，即视口处在激活状态，此时视口的边界线为粗实线，如图 12 - 15 所示。此时可以运用图形显示操作调整视口内显示的图形范围。

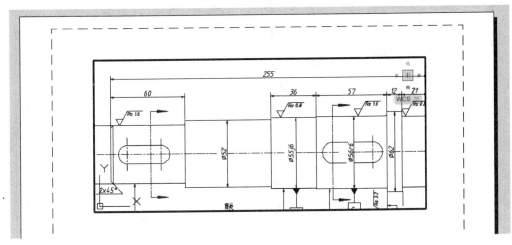

图 12 - 15　视口激活状态

b. 视口编辑状态。

在视口外双击任意一点，激活视口编辑状态，如图 12 - 16 所示。此时视口的边界线为细实线，这时可以对视口进行编辑操作，如调整视口大小、特性及进行移动等操作。视口可以通过夹点进行编辑，也可以通过 AutoCAD 中的命令进行修改。

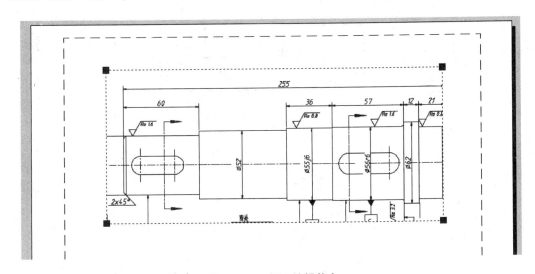

图 12 - 16　视口编辑状态

单击"视口"工具栏的"单个视口" ▣ ，在屏幕上绘制一个矩形视口。选中视口，在"视口"工具栏设置比例为 1:1，两种状态不断切换，调整视口 1 位置和显示范围，如

图 12 – 17 所示。再用相同的方法增加另外两个视口，比例均为 1∶1，视口的位置和显示范围如图 12 – 18 所示。

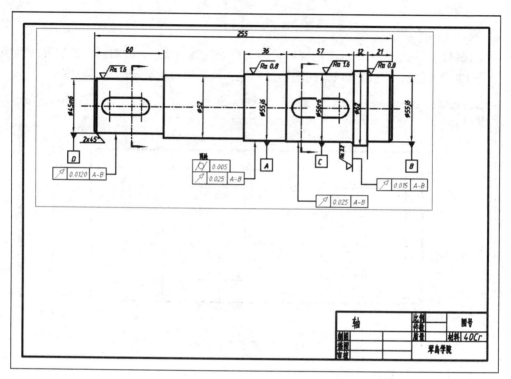

图 12 – 17　视口 1 的位置和显示范围

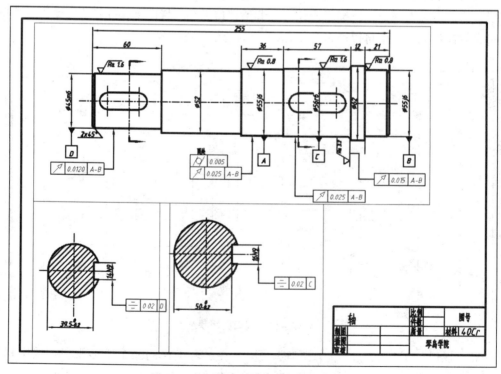

图 12 – 18　三个视口的位置和显示范围

⑤ 添加文字信息。

用"多行文字"在布局中添加文字信息，注意，要在视口编辑状态添加文字信息，如图 12 – 19 所示。

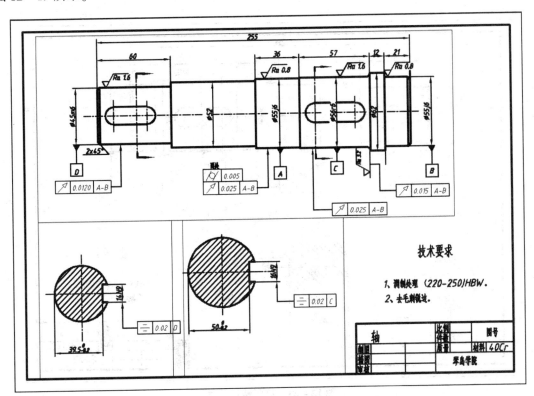

图 12 – 19 添加文字信息

⑥ 新建一个视口图层。

将表示视口的矩形放置在一个图层上，打印时将其冻结，因而打印时，表示视口的细实线不能输出。

单击工具栏"图层"→"图层特性"，进入"图层特性"命令，在"图层特性"选项板上单击"新建"按钮，新建一个图层，命名为"视口"。单击视口层的"解冻"图标，"视口"层被冻结。选中表示视口的三个矩形后，单击"图层"下拉列表的"视口"图层，将表示视口的三个矩形移动到"视口"层，即视口单个矩形不显示，不打印。

⑦ 打印预览。

单击"打印预览"按钮，预览效果如图 12-20 所示，单击"标准"工具栏 🖨，即可打印图形。

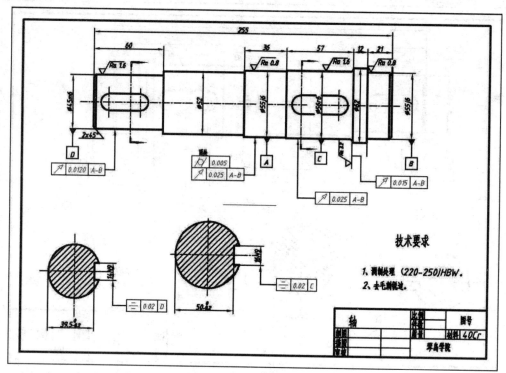

图 12-20 打印预览效果

12.4　图　形　输　出

图形输出是组织图形的集合，并将其输出为 PDF、DWF 或 DWFx 文件格式。对于大多数设计组，图形集是主要的提交对象。创建要分发以供查看的图形集可能是项复杂而又费时的工作。电子图形集将另存为 DWF、DWFx 或 PDF 文件。可以使用 Autodesk Design Review 查看或打印 DWF 和 DWFx 文件。

12.4.1　单个图形文件的输出

单个文件可以输出为 PDF、DWF 或 DWFx 等格式。

[例 12-3]　将例 12-2 中的布局输出为 DWF 格式的文件。

操作过程：

单击系统菜单中的"输出"→"DWF"，出现如图 12-21 所示的"另存为 DWF"对话框，选择文件的保存路径，输入文件名，然后单击"保存"按钮，即可将文件输出为 DWF 格式的文件。

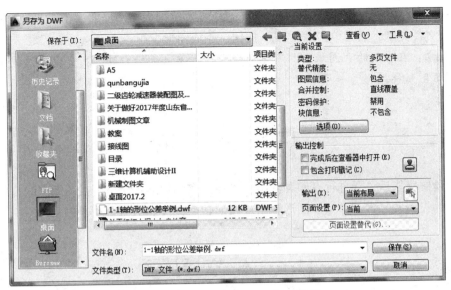

图 12 – 21　"另存为 DWF"对话框

12.4.2　将多个布局输出为 DWF 或 DWFx 文件

① 设置多个布局空间：布局 1、布局 2、布局 3、布局 4 等。

② 单击"批处理打印"命令，或按下 Shift 键并单击选择多个布局选项卡。单击鼠标右键，在出现的快捷菜单上选择"发布选定的布局"，出现如图 12 – 22 所示的"发布"对话框。

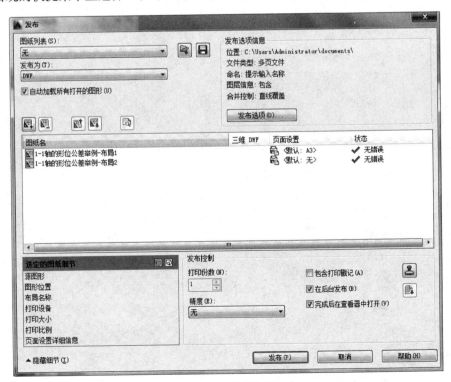

图 12 – 22　"发布"对话框

③ 在"发布"对话框中,在"发布为:"下拉列表中可选择"DWF""DWFx"或"PDF"等文件类型,然后单击"发布"按钮,完成图形发布。

◇ 注意:在中间的"图纸名"下方的矩形区域单击鼠标右键,在出现的快捷菜单可以增加或删减图纸样式。

12.5　小　　结

图形绘制完毕后,要进行打印和输出,本章以实例的形式介绍了在图纸空间打印和模型空间打印的设置和过程,介绍了图形输出成图形转换文件 dwf、Pdf 等的过程。

12.6　本 章 习 题

1. 思考题。

① AutoCAD 图纸空间的作用是什么?

② AutoCAD 可以输入几种形式的文件?

③ 在图纸空间如何调用文件外部的图纸块?

2. 对 AutoCAD 图形文件,在模型空间下进行输出打印。

参 考 文 献

[1] 何铭新，钱可强，徐祖茂. 机械制图［M］. 6 版. 北京：高等教育出版社，2010.

[2] 何铭新，钱可强，徐祖茂. 机械制图习题集［M］. 6 版. 北京：高等教育出版社，2010.

[3] 管殿柱. 计算机绘图（AutoCAD 2014 版）［M］. 2 版. 北京：机械工业出版社，2015.

[4] 陈容. AutoCAD 机械制图技能训练［M］. 北京：清华大学出版社，2008.

[5] 李爱军，李爱红. 机械制图 AutoCAD 2012［M］. 2 版. 北京：北京邮电大学出版社，2008.

[6] 江洪，卢择临，吴巨龙. AutoCAD 2006 工程制图［M］. 2 版. 北京：北京邮电大学出版社，2008.